CATALOGUE

DE

LA BIBLIOTHÈQUE

DE FEU

HECTOR COLARD

1re PARTIE

MUSICOLOGIE & PARTITIONS MODERNES

Cette importante bibliothèque où le chercheur, le bibliophile l'amateur trouveront ample moisson, sera vendue aux enchères publiques le 5 mai et jours suivants par les soins de

GEORGES VERRYCKEN
de la Librairie Générale
29, Rue de Namur
à Bruxelles

Me DENAYER
Huissier officiant

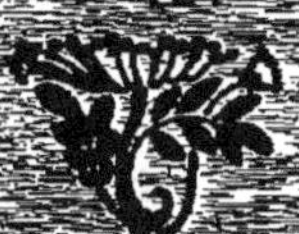

GALERIES GEORGES GIROUX
Boulevard du Régent, Bruxelles

Exposition : Le matin, chaque jour de vacation, de 10 h. à midi
La vente a lieu aux jours indiqués, à 2 h. 1/2 précises.

Les partitions anciennes seront vendues en octobre 1924 avec la collection de livres sur les beaux-arts, histoire du théâtre, souvenirs, etc.

En parcourant le catalogue de la bibliothèque H. Colard, les amateurs se rendront compte des difficultés énormes que nous avons eues à l'établir, étant donné le temps extrêmement court qui nous était alloué pour le préparer.

Force nous a donc été de réunir en lots une grande partie des ouvrages, pour ne pas être obligés de procéder à une vente exagérément longue.

En vue de faciliter l'échange de certains ouvrages entre les aquéreurs, une BOURSE DES ÉCHANGES sera tenue pendant l'heure qui suivra chaque vacation.

De plus, une liste des demandes d'échanges, rachats, offres et demandes, sera publiée et distribuée chaque matin.

En vue de faciliter encore ces opérations, demandez le petit carnet spécial (prix 1 fr.) et remplissez le au fur et à mesure.

N. B. — La plus grande partie des livres cartonnés sont bien complets de leurs couvertures.

CATALOGUE

DE

LA BIBLIOTHÈQUE

DE FEU

HECTOR COLARD

1re PARTIE

MUSICOLOGIE & PARTITIONS MODERNES

Cette importante bibliothèque où le chercheur, le bibliophile l'amateur trouveront ample moisson, sera vendue aux enchères publiques le 5 mai et jours suivants par les soins de

GEORGES VERRYCKEN de la Librairie Générale 29, Rue de Namur à Bruxelles	**Me DENAYER** Huissier officiant

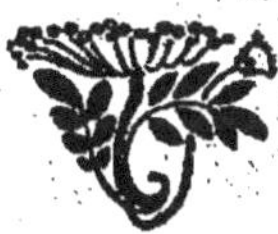

GALERIES GEORGES GIROUX
Boulevard du Régent, Bruxelles

Exposition : Le matin, chaque jour de vacation, de 10 h. à midi
La vente a lieu aux jours indiqués, à 2 h. 1/2 précises.

Les partitions anciennes seront vendues en octobre 1924 avec la collection de livres sur les beaux-arts, histoire du théâtre, souvenirs, etc.

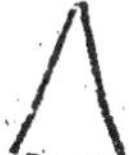

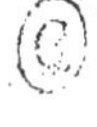

CONDITIONS DE LA VENTE

La vente se fait strictement au comptant, l'adjudicataire payant 15 % en sus du prix d'adjudication, pour frais.

Les ouvrages ayant été exposés et les acquéreurs ayant pu juger de leur état, aucune réclamation ne sera admise une fois l'adjudication prononcée.

MM. les experts exécuteront les commissions d'usage.

Ils se réservent le droit de suivre ou de modifier l'ordre de la vente (dans l'intérêt des vendeurs) tel qu'indiqué ci-dessous :

Lundi	5 mai,	lots N°	1 à 200	livres
			1 à 100	partitions
Mardi	6 »	lots N°	201 à 400	livres
			101 à 200	partitions
Mercredi	7 »	lots N°	401 à 600	livres
			201 à 300	partitions
Jeudi	8 »	lots N°	601 à fin	livres
			301 à fin	partitions

Les lots vendus doivent être enlevés au plus tard le lendemain de la vente, suuf arrangements spéciaux.

CATALOGUE

DE

LA BIBLIOTHÈQUE

DE FEU

HECTOR COLARD

PREMIÈRE PARTIE

OUVRAGES GÉNÉRAUX ET BIOGRAPHIES.

1. **Adam** (Ad.). — *Souvenirs d'un musicien.* Paris, Lévy, 1857-59, 2 vol. in-12 cart.

   Pougin (Art.). — *Adolphe Adam*, avec un portrait. Paris, Charpentier, 1877, 1 vol. in-12 cart.

2. **De Mirecourt** (Eug.). — *Auber-Offenbach.* Paris, Faure, 1867, 1 vol. in-16 cart.

   Kohnt (Ad.). — *Auber.* Leipzig, s. d., 1 vol. in-16 cart.

   Pougin (Arthur). — *Auber.* Paris, 1873, 1 vol. in-12 cart.

3. **Jouvin** (B.). — *D.-F.-E. Auber.* Paris, Heugel, 1864, 1 vol. gr. in-8° cart.

   3bis. **De La Chavanne** (M.-C.-D.). — *Mémoires de Lorenzo d'Aponte.* Paris, Pagnerre, 1860. 1 vol. in-8° cart.

4. **Spitta** (Philipp). — *J.-S. Bach.* London, Novello, 1899, 3 vol. in-8° toile.

5. **Parry** (C. Hubert). — *J.-S. Bach.* New-York. Putnam, 1909, 1 vol. in-8° toile.

6. **Schweitzer** (Alb.). — *J.-S. Bach.* Leipzig, Breitkopf, 1905, 1 vol. in-8° toile.

7. **von Wolzogen** (Hans). — *Bach, Mozart, Beethoven, Weber.* Berlin, Minuth, s. d., 1 vol. in-4° cart.

   Bach. — *Thematische katalog.* Leipzig, Peters, 1 vol. in-4° dem. rel.

8. **Pirro** (André). — *L'esthétique de J.-S. Bach.* Paris, Fischbacher, 1907, 1 vol. gr. in-8° cart.

9. **David** (Ernest). — *La vie et les œuvres de J.-S. Bach.* Paris, Calmann-Lévy, 1882, 1 vol. in-12 cart.

10. **Cart** (W.). — *Etude sur J.-S. Bach.* Paris, Fischbacher, 1885, 1 vol. in-12 cart.

11. **Forkel** (Félix). — *Vie, talents et travaux de J.-S. Bach.* Paris, Baur, 1876, 1 vol. in-16 cart.

12. **Pirro** (A.). — *L'orgue de J.-S. Bach.* Paris, Fischbacher, 1895, 1 vol. in-12 cart.

Batka (R.). — *J.-S. Bach.* Leipzig s. d., 1 vol. in-16 cart.

13. *Die musik. Bach-heft.* Berlin, 1905/06, 2 vol. in-4° cart.

14. *J.-S. Bachs notenbüchlein für Anna Magdalena Bach* (1725). Munich s. d., 1 vol. in-4° obl. cart.

15. **Wotquenne** (Alf.). — *Catalogue thématique des œuvres de C.-Ph. Em. Bach.* Leipzig, Breitkopf, s. d., 1 vol. in-4°.

16. **Pigot** (Ch.). — G. *Bizet et son œuvre.* Paris, Dentu, 1886, 1 vol. in-12 perc.

Bellaigue (C.). — *G. Bizet.* Paris, Delagrave, 1890, 1 vol. in-12 br.

17. **Strowski** (Stanislas).— *Le troubadour Elias de Barjols.* Toulouse, 1906, 1 vol. in-8° cart.

Barrett (W.-M.-A.). — *Balfe, his life and work.* London, s. d., 1 vol. in-8° toile.

18. **Berlioz** (H.). — *A travers chants* (2e édit). Paris, Lévy, 1872, 1 vol. in-16 cart.

Berlioz (H.). — *Les soirées de l'orchestre.* Paris, Calmann-Lévy, 1878, 1 vol. in-12 demi rel.

Berlioz (H.). — *Les années romantiques.* Paris, Calmann-Lévy, s. d., 1 vol. in-16 cart.

Tiersot (J.). — *H. Berlioz et la société de son temps.* Paris, Hachette, 1904, 1 vol. in-16 perc.

19. **Berlioz** (H.). — *Mémoires.* Paris, Lévy, 1870, 1 vol. gr. in-8° dem. rel.

20. **Boschot** (Ad.). — *La jeunesse d'un Romantique.* Paris, Plon, 1906, 1 vol. in-16 cart.

Boschot (Ad.). — *Un romantique sous Louis-Philippe.* H. Berlioz, Paris, Plon, 1908, 1 vol. in-16 cart.

21. **Hippeau** (Edm.). — *Berlioz intime.* Paris, 1883, 1 vol. gr. in-8° perc.

22. **Eekhoud** (Georges). — *Peter Benoit.* Bruxelles, Monnom, 1897, 2 vol. in-8°, cart.

Benoit (Peter). — *Œuvres diverses.* 10 brochures.

23. **Pougin** (Arthur). — *Bellini, sa vie, ses œuvres.* Paris, Hachett , 1868, 1 vol. in-16 br.

Florino (Francesco). — *Translazione delle ceneri di Vincenzo Bellini*. Naples, 1877, 1 vol. in-16 br.

24. **Salabert** (Edm.). *Georges Bizet. Souvenir et correspondance*. Paris, Calmann-Lévy, 1877, 1 vol in-8° cart.

25. **Berlioz** (Victor). — *Anna de Belocca*. Paris, Libr. nouv., 1874, 1 vol. in -8° cart.
Pougin — *Marietta Alboni*. Paris, Plon, 1912, 1 vol. in-16 cart.

26. **Becker** (G.). — *Eustorg de Beaulieu, poète et musicien* (XVIe s.). Paris, Fischbacher, 1880, 1 vol. in-32 cart.
Dechange (Paul). — *Mlle Marie Battu*. Bruxelles, Lombaerts, 1883, 1 vol. in-16 cart.
Berlioze (V.). — *Anna Belocca*. Paris, 1874, 1 vol. in-8° cart.

27. **Prod'homme** (J.-G.). — *Hector Berlioz*. Paris, Delagrave, s. d., 1 vol. in-16, d. toile.

28. **Barnett** (John-Francis). — *Musical reminiscences and impression*. Londres, Hodder et Stoughton, 1906, 1 vol. in-8° toile.

29. **Grégoir** (Ed.-G.-J.). — *Les artistes musiciens belges au XVIIIe siècles et au XIXe siècle*. Bruxelles, Schott, 1885, 1 vol. in-8° perc.

30. **Suremont** (P.-J.). — *Opuscule apologétique sur les mérites des célèbres musiciens belges*. Anvers, 1828, 1 vol. in-8°, cart.
Gregoir (Ed.-G.-J) — *Documents historiques relatifs à l'art musical et aux artistes musiciens*. Bruxelles, Schott, 1872, 1 vol. in 8° dem. rel.

BEETHOVEN LUDWIG. — Sa Vie, Son Œuvre.

31. **Anders** (G.-E.). — *Détails biographiques sur Beethoven*. Paris, *Revue musicale*, 1839, 1 vol. in 8° cart.

32. **Andley** (Mme A.). — *Louis von Beethoven*. Paris, Didier, 1867, 1 vol. in 16 dos toile.

33. **Barbedette** (H.). — *Beethoven*. Paris, Heugel, 1870, 1 vol. in 4° cart.

34. **Bekker** (Paul). — *Beethoven*. Berlin, Schuster et Loeffler, 1914, 1 vol. 8° drl.

35. **Bekker** (Paul). *Beethoven*. Berlin et Leipzig, 1911, 1 vol. in fol. toile.

36. **Bonger** (R.). — *Le secret de Beethoven*. Paris, Fischbacher, 1905, 1 vol. gr. in 8° cart.

37. **Hiller** (Feedin). — *Ludwig von Beethoven*. Leipzig, Leuchart, 1871, 1 vol. in 16 d. toile.

Hogarth (G.). — *The life of Beethoven*. London, Cocks, s. d. 1 vol. in 16 dem. rel.

37. **Beethoven**. — *Les grands hommes*. Paris, Laffite, 1 vol. in 8° toile.

38. **Diehl** (Alice-M.). — *The life of Beethoven*. Londres, Hodder et Stoughton, 1908, 1 vol. 8° toile.

39. **Fétis** (F.). — *Etudes sur Beethoven*, Paris, Schlesinger, 1833, 2 vol. gd 8° d. toile.

40. **Terst et Krehbrel**. — *Beethoven*. Londres, Gay et Bird, 1906, 1 vol. in 16 toile.

Mason (Dan, Greg.). — *Beethoven and his forunners*. New-York, Macmillon, 1904, 1 vol. in 16 toile.

41. **Marx** (A.-B.). — *Ludwig von Beethoven. Leben und Schaffen.* Berlin, Janke, 1859, 1 vol. 8° drl.

42. **Moscheles** (Ignace) — *The life of Beethoven*. London Colburn, 1841, 2 vol. in 16 toile.

43. **Nottebohm** (G.). — *Thematisches verzeichnis der Werke von L. von Beethoven*. Leipzig, Breitkopf, 1868, 1 vol. in 4° cart.

44. **Nohl** (L.). — *Beethoven depicted by his contemporains*. Londres, Reeves, 1 vol. in 16 toile.

Nohl (L.). — *Beethoven*. London, Reeves, s. d. 1 vol. in 8° perc.

Nohl (L.). — *Life of Beethoven*. London, Reeves, s. d. 1 vol. in 16 toile.

45. **Rolland** (R.). — *Vie de Beethoven*. Paris, Hachette, 1910, 1 vol. in-16 d. toile.

Shedlock (J.-S.). — *Beethoven*. London, Bell, 1905, 1 vol. in-12 toile.

46. **Oulbicheff**. — *Beethoven, ses critiques et ses contemporains*. Leipzig, Brockhaus, 1857, 1 vol. gd. 8°, arl.

47. **Thayer** (A.-W.). — *Beethoven Leben*. Leipzig, Breitkopf, 1908, in 8° drl. cinq vol. vol. IV et V reliure diff.

48. **Thager** (Alex. Wheelock). — *The life of L. von Beethoven*. New-York, Beethoven Association, 1921, 3 vol. in 4° perc.

49. **Von Frimmel** (Ph.). — *Beethoven Studien*. Munich et Leipzig, Müller, 2 vol. in 4°, cart.

50. **Wagner** (R.). — *Beethoven*. Paris, « Revue blanche », 1902, 1 vol. in-16, cart. (curieux).

50bis. **Wagner** (R.). — *Beethoven*. London, Reeves, 1880, 1 vol. in-16 perc.

50ter. **Wilder** (V.). — *Beethoven, sa vie et ses œuvres.* Paris, Charpentier, 1883, 1 vol. in-16 cart.

50ter. **Wegeler et Roes**.— *Notices biographiques sur L. von Beethoven.* Paris, Dentu, 1862, 1 vol. in-16. cart.

51a. **Kalischer** (Alfr.-Chr.). — *Neue Beethovenbriefe.* Berlin, Schuster et Loeffler, 1902, 1 vol. in -16, d. toile.

Beethoven. — *Samtliche Briefe. Kritische Ausgabe mit Erlauterungen von* Dr A.-Ch. KALISCHER. Berlin, Schuster et Loeffler, 1906-1908, 5 vol. in-8° cart.

51b. Douze brochures sur Beethoven.

Beethoven-Haus zu Bonn. Deux collections de cartes-vues et deux cachets de cire.

Symphonies de Beethoven. Deux albums et six brochures..

51c. **Nohl** (Dr L.). — *Briefe Beethoven.* Stuttgart, Corta, 1865, 1 vol. in-8° toile.

Beethoven (von). — *Samtliche Briefe und Aufzeichnungen.* Wien und Leipzig, 1907, 3 vol. in-16. cart.

51d. **von Elterlein** (Ernst). — *Beethoven's symphonies in their ideal significance.* London Reeves, s. d. 1 vol. in-16 toile.

von Elterlein (Ernst). — *Beethoven's pianoforte sonatas.* London-Reeves, 1898, 1 vol. in-16 perc.

Reinecke (Carl). — *The Beethoven pianoforte sonatas.* Leipzig, Reinecke, s. d., 1 vol. in-16 cart.

51e. *Beethoven's letters translated by Lady Wallace.* London Longmans, 1866, 2 vol. in-16 perc.

Kalischer (Alfred-Christ.). — *Die Macht Beethovens.* Berlin, 1903, 1 vol. in-8° dem. rel.

51f. **Nohl** (Ludwig). — *Neue Bilder aus dem Leben der Musch und ihrer meisser.* Munich, Pinsserlen, 1870, 1 vol. in-16 cart .

Kerst et Krehbrel. — *Beethoven.*London. Gay et Bird, 1906, 1 vol. in-16 toile.

Weingartner (Félix). — *Ratschlage fur auffuhrungen der symphonien Beethovens.* Leipzig. Breitkopf, 1906, 1 vol. in-8° cart.

Koch (Bertha). — *Beethovenstratten in Wien und umgebung* Berlin, Schuster, 1912, 1 vol. in-8° cart.

Weber (W.). — *Beethovens misa solemnis.* Augsburg, 1897, 1 vol. in-16 cart.

51g. **Schindler** (A.). — *Beethoven in Paris.* Munster, Aschendorff, 1842, 1 vol. in-8° drl.

de Lenz (W.). — *Beethoven et ses trois styles.* Paris, Lavinée, 1855, 1 vol. in-18 d. toile.

Mohl (L.). — *Die Beethoven-Feier und die Künst der Gegenwart.* Wien, Braumuleerl, 1871, 1 vol. in-16 cart.

Grove (George). — *Beethoven and his nine symphonies.* London, Novello, 1896, 1 vol. in-8° toile.

51*i*. *Beethoven-Album.* Stuttgart, Halberger, 1 vol. in 4° percal.

Primmel (Théod.). — *Neue Beethoveniana.* Wien, Gerold, 1890, 1 vol. in-8° cart.

Volkmann (Hans). — *Neues über Beethoven.* Berlin et Leipzig, Sumann, 1905, 1 vol. in-8° cart.

51*h*. **de Wyweza** (Teodor). — *Beethoven et Wagner.* Paris, Perrin, 1898, 1 vol. in-18 d. toile.

Schlossez (John. A.). — *Ludwig von Beethoven.* Prague, Stephani et Schlosse, 1820, 1 vol. in-32 cart.

von Elterlein. — *Beethoven's symphonies explained.* London Reeves, 1 vol. in-16.

Collerich (Aug.). — *Beethoven.* Berlin, Marquardt, 1 vol. in-32 cart.

Matthews (J.). — *The violin musi of Beethoven.* London, 1902, 1 vol. in-16 perc.

51*j*. **Beethoven.** — *La Sonate pathétique,* édition rythmée et anotée par Mathis Lussy. Paris, Costallat, 1912, 1 vol. in-4° cart.

Kufferath (Maurice). — *Fidelio de Beethoven.* Paris, Fischbacher, 1913, 1 vol. in-18, toile.

Macfarren (G.-A.) — *Analytical essay on Beethoven's Fidelio.* London, Musical World, 1853, 1 vol. in-16 cart.

51*k*. **von Köchel** (LudBig). — *Dréi und achtig neu aufgefundene original briefe Ludwig van Beethoven's an den erzherzog Rudolph.* Wien, 1865, 1 vol. in-8° cart.

Beethoven-haus Bonn (1889-1904). Boon, 1904, 1 vol. in-4° toile.

Beethoven-Album. Stuttgatt, s. d., 1 vol. in-4° cart.

51*l*. *Beethoven Handschrift aus dem Beethoven-Haus in Bonn.* Un album in 4° cart.

Grüner (L.). — *Beethoven haüser, 12 originalradierungen.* Wien, 1910, un album in-4° cart.

Beethoven (L. van). — *Asdur-Sonate.* Bonn, Cohen, 1895, un album fol. obl. facsimilé.

Artaria (Aug.). — *Esquisses autographes de Louis von Beethoven,* un album 4° obl. toile.

Nottebohm (G.). — *Beethoven's skizzenbücher.* Leipzig, Brutkopf et Vartel, 1 vol. in-8° toile.

51*m*. **Kalischer** (Alf.-Christ.). — *Giulietta Guiccardi oder Therese Brunswick.* Dresden, 1891, 1 vol. in-16 cart.

Nohl (L.). — *An unrequited love; an episode in the life of Beethoven.* London, Bently, 1876, 1 vol. in-8° perc.

52. **Beethoven.** — *Facsimilés et Portraits.* 2 br. gr. in-8° cart.

Beethoven. — *The musical Times* 1892. (15 déc.), 1 vol. in-8° cart.

53. **Clément** (F.). — *Les musiciens célèbres.* Paris, Hachette, 1868, 1 vol. in-8° perc.

54. **Choron** et **Fayolle**. — *Dictionnaire des musiciens.* Paris, 1810, 2 vol. in-8° dem. rel.

55. **Fabre** et **Deheyn**. — *Les maîtres de la musique par écoles.* Paris, Joanin, s. d., 1 vol. in-8° cart.

Saint-Saëns. — *Harmonie et mélodie.* Paris, Calmann-Lévy, 1885, 1 vol. in-16 cart.

Michiels van Kessenich. — *De la musique.* Ruremonde, 1858, 1 vol. in-32 cart.

56. **Blaze de Bury** (H.). — *Musiciens du passé, du présent et de l'avenir.* Paris, Calmann-Lévy, 1880, 1 vol. in-16 cart.

Blaze de Bury (Henri). — *Musiciens contemporains.* Paris, Lévy, 1856, 1 vol. in-16 cart.

Pougin (Art.). — *Musiciens du XIX*e *siècle.* Paris, Fischbacher, 1911, 1 vol. in-16 cart.

Mauclair (C.). — *La religion de la musique.* Paris, Fischabacher, 1909, 1 vol. in-16 br.

57. **Petit** (Ed.). — *Les musiciens belges.* Bruxelles, Jamar, s. d., 2 tomes en 1 vol. in-16 perc.

58. **Gregoir** (Ed.-G.-J.). — *Bibliothèque musicale populaire.* Bruxelles, Schote, 1877, 1 vol. in-8° dem. rel.

Gregoir (Ed.-G.-J.). — *Souvenirs artistiques. Documents pour servir à l'histoire de la musique.* Bruxelles, Schott, 1888, 1 vol. in-8° dem. rel.

59. **Comettant** (Oscar). — *Musique et musiciens.* Paris, Paguerre, 1862, 1 vol. in-16 cart.

Bellaigne (C.). — *Études musicales.* Paris, Delagrave, 1898, 1 vol. in-16 cart.

60. **Imbert** (Hughes). — *Symphonie. Profils de musiciens. Portraits et études. Profils d'artistes.* Paris, Fischbacher, 4 vol. in-8° br.

61. **Hughes** (R.). *The love affairs of great musicians.* London Nash, 1905, 2 vol. in-16 cart.

Mason (D. Gregory). — *The Romantic Composers.* New-York, Macmillan, 1906, 1 vol. in-16 toile.

Huneker (J.). — *Mezzo tints in modern music.* London Reeves, s. d., 1 vol. in-16 toile.

62. **de Pontmartin** (A.). — *Souvenirs d'un vieux mélomane.* Paris, Calmann-Lévy, 1879, 1 vol. in-16 cart.

Armingaud. — *Consonnances et dissonnances.* Paris, Lemerre. 1882, 1 vol. in-16 cart.

Marie (Henry). — *La pensée du timbalier.* Naucy, 1900, 1 vol. in-16 cart.

Hellorim (F.). — *Gossec et la musique française à la fin du* XVIIIe *siècle.* Paris, Charles, 1903, 1 vol. in-16 cart.

Vieillard (P.-A.). — *Méhul.* Paris, 1859, 1 vol. in-16 cart.

63. **Pougin** (A.). — *Méhul.* Paris, Fischbacher ,1889, 1 vol. in-8° cart

64. **Closson** (E.). — *Esthétique musicale.* Bruxelles, Lombaerts, 1921, 1 vol. in-8° cart.

65. **Huncker** (James). — *Overtones, a book of temperaments.* New-York, Scribner, 1904, 1 vol. in -16 toile.

Haweis (Rev. H.-R.). — *Music and morals.* Londres, D. Bogue, 1881, 1 vol, in-16 toile.

66. **Julien** (Adolphe). — *Musiciens d'aujourd'hui.* Paris, Libr. de l'Art., 1092-94, 2 vol. in-16 br.

Séré (O.) — *Musiciens français d'aujourd'hui* Paris, Mercure de France, 1911, 1 vol in-16 cart.

67. **Port** (Célestin). — *Les artistes angevins.* Paris, Daur, 1881, 1 vol. in-8° cart.

Gilbert. — *Ecrits sur la musique.* 1 vol, fol. cart.

68. **Magnien** (Victor). — *Aperçu biographique sur les célébrités musicales du département de l'Oise.* Beauvius, 1846, 1 vol. in-16 cart.

Carlez (J.). — *Notice sur quelques musiciens rouennais.* Caen Le Blanc-Hardel, 1885, 1 vol. in-8° br.

Pardigon (M.). — *Nécrologie des artistes musiciens auteurs et compositeurs de l'année* 1857. Marseille, 1858, 1 vol. in-8° cart.

Van Damme (Henry). — d'Ypres. *Voyage en Italie* (manuscrit). 1 vol. in-16 cart

Marcello (Benedetto) — *Le théâtre à la mode au* XVIIIe *siècle.* Paris, Frischbacher, 1890, 1 vol. in-16 cart.

69. **Champfleury.** — *Grandes figures d'hier et d'aujourd'hui.* Paris, Poulet-Malassis et De Broise, 1861, 1 vol. in-16 cart.

Ernouf (baron) — *Compositeurs célèbres.* Paris, Perrin, s. d., 1 vol. in-16 cart.

70. **Fougue** (Octave). — *Les révolutionnaires de la musique.* Paris, Calmann-Lévy, 1882, 1 vol. in-16 cart.

Marmontel (A.). — *Symphonistes et virtuoses.* Paris, Chaix, 1881, 1 vol. in-16 cart.

De Curzon (Henri). — *Musiciens du temps passé.* Paris, Fischbacher, 1893, 1 vol. in-16 br.

71. **Johnstone** (Arthur). — *Musical Criticisms.* Manchester, University Press, 1905, 1 vol. in-16 toile

Krehbiel (Henry Edward) — *Music and manners in the classica period.* Westminster, Constable, 1898, 1 vol. in-16 toile.

Sharp (Farquharson). — *Makers of music.* Londres, Reeves, s. d., 1 vol. in-16 toile.

72. **Azevedo** (Alexis). — *Sur le livre intitulé critique et littérature musicales de M. P. Suedo.* Paris, France musicale, 1852, 1 vol. in-32 cart.

Gautier (Théophile). — *La musique.* Paris, Fasquelle, 1911, 1 vol. in-16 cart.

73. **Israfel.** — *Musical Fantaisies.* Londres, Simpkin, 1903, 1 vol. in-16 toile.

Wallace (Lady). — *Letters of distinguished musicians.* Londres, Longmans, 1867, 1 vol. in-16 cart.

Reed (Myrtle). — *Later Love Letters of a musican.* New-York, Putnam, 1900, 1 vol. in-16 toile.

74. **Parry** (C. Hubert H.). — *The evolution of the art of music.* Londres, Kegan Paul, 1897, 1 vol. in-16 toile.

Beatty-Kiggston (W.). — *Music and manners.* Vol I Music. Londres, Chapman et Hall, 1887, 1 vol. in-8° toile.

75. **Apthorp** (W.-F.). — *The opera past and present.* Londres, Murray, 1901, 1 vol. in-16 tolle.

Sutherland (Edw.). — *History of the opera.* Londres, Allen, 1862, 2 vol. in-16 cart.

76. —**Perrin.** — *Œuvres de poésie.* Paris, Loyson, 1661, 1 vol. in-32. plein veau.

77. **Nuitter** (Ch.) et **Thoinan** (Er.). — *Les origines de l'opéra français.* Paris, Plon, 1886, 1 vol. in-8° cart.

Streatfield (R.-A.). — *The opera.* Londres, Routledge, 1907, 1 vol. in-8° toile.

De Curzon (H.). — *L'évolution lyrique ou théatre dans les différents pays.* Paris, Fortin, 1908, 1 vol. in-4° cart.

Celler (Ludovic). — *Les origines de l'opéra et le ballet de la reine.* Paris, Didier, s. d. 1 vol. in-16 cart.

78. **Bruneau** (Alf.). — *Musiques d'hier et de demain*. Paris, Charpentier, 1900, 1 vol. in-16 cart.

Bertrand (G.). — *Les nationalites musicales étudiées dans le drame lyrique*. Paris, Didier, 1872, 1 vol. in-16 cart.

79. **De Bricqueville** (Eug.). — *L'opéra de l'avenir dans la passé*. Paris, Heugel, 1884, 1 vol. in-16 cart.

Beaugnier (Ch.). — *Le Musique et le drame*. Paris, Sandoz, 1877, 1 vol. in-16 dem. rel.

Malliot (A.-L.). — *La musique au théâtre*. Paris, Amyot, s. d., 1 vol. in-16 cart.

80. **Martine**. — *De la musique dramatique en France*. Paris, Dentu, 1813, 1 vol. in-8° cart.

Crozet (F.). — *Revue de la musique dramatique en France*. Grenoble, 1867, 1 vol. in-8° cart.

Castil-Blaze. — *Sur l'opéra français*. Paris, Castil-Blaze, 1856, 1 vol. in-8° perc.

81. **Prince de Valori**. — *La Musique. Le bon sens et les deux opéras*. Paris. Calmann-Lévy, 1890, 1 vol. in-16, cart.

Ecorcheville (J.). — *De Lulli à Rameau*. Paris, 1906, 1 vol. in-4° cart.

82. **Schletterer**. *Vorgeschichte der französischen oper*. Berlin, Damkohler, 1885, 1 vil. in-8° vel.

84. *Le théâtre, mystères, tragédie, comédie et la musique jusqu'en* 1789. Paris, Firmin-Didot, 1887, 1 vol. in-4°. demi rel.

83. **Dumas**. — *L'art de la musique*. Paris, chez l'auteur, 1753, 1 album in-4° obl., pl. veau.

85. **Castil-Blaze**, — *Mémorial du grand-Opéra*. Paris, Castil-Blaze, 1847, 1 vil. in-8°, cart.

Campardon (Em.). — *L'académie de musique au XVIIIe siècle*. Paris, Berger-Levrault, 1884, 2 t., en 1 vol. in-8° demi-toile.

86. **Castil-Blaze**. — *De l'opéra en France*, 2e édit., Paris, chez l'auteur, 1826, 2 vol, in-8°, veau raciné.

Histoire du théâtre de l'opéra en France. Paris, Barbou, 1753, 1 vol. in-8° plein veau.

87. **Jullien** (Ad.). — *La Cour et l'Opéra sous Louis XVI*. Paris, Didier, 1878, 1 vol. in-16° cart.

Thoinan (Fr.). — *Les origines de la Chapelle. Musique des souverains de France*. Paris, Claudin, 1864, 1 vol. in-32 cat.

Castil-Blaze. — *Chapelle. Musique des rois de France*. Paris, Paulin, 1832, 1 vol. in-16 veau rel.

88. **Castil-Blaze**. — *L'académie impériale de musique*. Paris, Castil-Blaze, 1855, 1 vol. in-8°.

89. **Thoinar.** — *Origines de la chapelle; Musique des rois de France.* Paris, Claudin, 1864, 1 vol. in-32 cart.

Castel-Blaze. — *Chapelle-musique des rois de France.* Paris, Paulin. 1832, 1 vol. in-18 carton.

Castil-Blaze. — *L'académie impériale de musique.* Paris, 1885, 2 t., en 1 vol. in-8° demi-toile.

90. **Neitzel** (Otto). — *Der Führer durch die oper.* Leipzig, Liebeskind, 1890, 3 vol. in-8° veau rel.

Haulisch (Dd.). — *Aus dem Tagebuche eines musikers.* Berlin, 1892, 1 vol. in-16, deux rel. (suite du précédent).

91. **Sinkel** (Emile). — *Description succincte de plusieurs opéras.* Bruxelles, Poot, 1874, 1 vol. in-16, cart.

La Glaize (J.-B.). — *Fantoches d'opéra,* préface de Ch. Monselet, dessins de Ludovic. Paris, Fresse, s. d., 1 vol. in-16 cart.

Regnard (A.). — *La renaissance du drame lyrique.* Paris, Fischbacher, 1895, 1 vol in-16 cart.

Sabattier (J.-B.). — *L'opéra et la symphonie.* Paris, Marpon, 1879, 1 vol in-16 cart.

92. **Dauriac** (L.). — *La psychologie dans l'opéra fran;ais.* Paris, Alcan, 1897, 1 vol. in-16 cart.

Pougin (Arthur). — *Les vrais créateurs de l'opéras français, Perrin et Cambert.* Paris, Charavay, 1881, 1 vol. in-16 cart.

93. **De Bricqueville** (Eug.-H.). — *Le livret d'opéra français de Lully à Gluck.* Paris, Schott, 1888, 1 vol in-4° cart.

94. **Hauslick** (Ed.). — *Die moderne oper.* Berlin, Hofmann, 1875, 1 vol. in-16 toile.

Hauslick (Ed.). — *Musikaliche stationen* (suite du précédent). Berlin, 1885, 1 vol. in-16 demi-rel.

Hauslick (Ed.). — *Aus dem opernleben der Gegenwart.* Berlin, Hofmaan, 1884, 1 vol. in-16 demi-rel. (suite du précédent).

Hauslick (Ed.). — *Musikalisches und Litterarisches.* Berlin, 1889, 1 vol. in-16 demi-rel. (suite du précédent).

Aus dem Tagebuche eines musikers. Berlin, 1891, 1 vol. in-16 toile.

95. **Upton** (G.-P) — *The Standard operas* London, Hutchinson, 1906, 1 vol in-16 cart

Considérations sur l'opéra et projet de construction d'une nouvelle salle Londres, 1789, avec planches, 1 vol in-4° dem rel

96 **De Mènil** (F) — *L'école contrapuntique flamande au XVe et au XVIe siècle* Paris, Demets, 1905, 1 vol in-16 cart.

97 **Martinet** (André). — *Offenbach, sa vie et son œuvre.* Paris, Dentu, 1887, 1 vol. in-8° cart.

Offenbach (J.). — *Notes d'un musicien en voyage.* Paris, Calman-Lévy, 1877, 1 vol. in-16 cart. Deux exemplaires.

98. *Ouvrage sur F. Halévy*, 1 vol. fol. cart. fort.

Halévy (L.). — *F. Halévy, sa vie et ses œuvres.* Paris, Heugel, 1863, 1 vol. in-8° cart.

Halévy (F.). — *Souvenirs et portraits.* Paris, Lévy, 1861, 1 vol. in-16 cart

99 **Jouvin** (B.). — *Hérold, sa vie et ses œuvres.* Paris, Heugel, 1868, 1 vol. in-8° cart.

100. **David** (Ernest). — *G.-F. Händel.* Paris, Calmann-Lévy, 1884, 1 vol. in-16 cart.

101. **Sonneck** (O.-G.). — *Francis Hopkinson and James Lyon-* Washington, Mc Queen, 1905, 1 vol. in-4° toiles.

De Charnacé (Guy). — *Gabrielle Krauss.* Paris, Plon, 1869, 1 vol. in-4° cart.

Labat. — *Œuvres littéraires-musicales.* Paris, Baur. 1883. 1 vol. in-8° cart.

102. *Documents sur Fervaal de Vincent d'Indy*, 4 vol. in-8° cart.

Borgez (Louis). — *Vincent d'Indy, sa vie et son œuvre.* Paris, Durand, 1913, 1 vol. in-16 cart.

Sérieyx (Auguste). — *Vincent d'Indy.* Paris, Messein, 1914, 1 vol. in-16 cart.

Wallenstein de Vincent d'Indy. — *Notice analytique et thématique.*

103. **Carfani** (Joseph). — *Haydn.* Paris, Schwarz et Gagnot, 1837, 1 vol. in-16 cart.

Nohl (L.). — *Haydn.* Leipzig, Reklam, 1 vol. in-32 cart.

Stendhal. — *Vie de Haydn, Mozart et Métastase.* Paris, Lévy, 1854, 1 vol. in-16, cart.

Engl (Joh. Ev.) — *Joseph Haydns handschriftliches Tagebuch.* Leipzig, Breethopf et Hartel, 1909, 1 vol. in-8° cart.

Schmidt (L.). — *Joseph Haydn.* Berlin, 1898, 1 vol. in-8° cart.

103bis. *Lives of Haydn and Mozart.* London, Murray, 1818, 1 vol. in-8°, plein veau.

Carpani. — *Haydn, sa vie ses ouvrages, ses voyages et ses aventures.* Paris, Schwartz et Gaynd, 1837, 1 vol. in-8° cart.

Haydine (G.) — *Lettre sulla vitae le opere del celebre maestro Guiseppe Haydn.* Padoue, 1823, 1 vol. in-8° cart.

104. **Hendrickx.** — *Jean-Francois-Joseph Janssens.* Anvers, de la Montagne, 1 vol. in-7° cart.

Pougin (Arthur). — *Pierre Jélyotte et les chanteurs de son temps.* Paris, Fischbacher, 1905, 1 vol. in-8° cart.

Barbedette (H,). — *Stephen Hellèr.* Paris, Maho, 1876, 1 vol. in-8° cart.

105. **Lamy** (F.). — *Jean-François Le Sueur.* Paris, Fischbacher, 1912, 1 vol. in-16 cart.

Kade (Otto). — *Mattheus le Maistre.* Mayence, 1862, 1 vol. gr. in-8° cart.

106 **Lehmann** (Lilli). — *Mon art du chant.* Paris, Lerolle, s. d., 1 vol. gr. in-4° cart.

107. **Ludwig** (H.). — *J.-G. Hastner, sein werden und wirken.* Leipzig, 1886, 3 vol. in-8° cart.

108. **Moser** (And.). — *Joseph Joachim a biography.* Londres, 1901, 1 vol. in-8° toile

Maitland (J.-A. Fuller). — *Joseph Joachim.* London, 1905, 1 vol. in-16 toile.

Diamond Jubilée of Joachim 's first appearance in England. Londres, 1904, 1 br. in-4°.

109. **Declève** (J.). — *Roland de Lessus.* (illustr.). Mons, Loret, 1894, 1 vol. in-4° cart.

Mathieu (A.). — *Roland de Lattre.* Gand, s. d., 1 br. in-8°.

Delmotte (H.). — *Notes sur R. Delattre.* Mons, Prignet, 1 vol. in-8° dem. rel.

Van der Straeten (Edm.). — *Cinq lettres intimes de Roland de Lassus.* Gand, 1891, 1 vol. in-16 cart.

Statue d'Orlande De Lassus. Mons, 1854, 1 br. in-16.

110. **Schoelcher** (V.). — *The life of Handel.* London, Trubner, 1857, 1 vol. in-8° dem. rel.

Memoirs of the life of G.-F. Handel. London, 1760, 1 vol. in-8° peau.

Rockstro (W.-S.). — *The life of G.-Fr. Handel.* London, Macmillen, 1883, 1 vol. in-16 perc.

111. **Burney** (Ch.). — *An account of the musical performances in commemoration of Handel.* London, 1785, 1 vol. in-4° cart. (rare).

Taylor (S.). — *The (indebtedness) of Handel to works by other composers.* Cambridge, 1906, 1 vol. in-4° toile.

112. **Schrader** (B.). — *Händel.* Leipzig, s. d., 1 vol. in-16 cart.

Bray (Mrs). — *Händel.* London, Ward, 1857, 1 vol. in-16 toile.

Ramsay (E.-B.). — *The genius of Handel*. London, Blackwood, 1 vol. in-16 toile.

Handel. Brochures varia.

Townsend (H.). — *An account of the visit of Handel to Dublin*, Dublin, 1852, 1 vol. in-8° toile.

113. von Schorn (Ad.). — *Franz Liszt et la princesse de Sayn-Wittgenstein*. Paris, Dujarric, 1904, 1 vol. in-16 cart.

Liszt (Fr.). — *Pages romantiques*. Paris, Alcan, 1912, 1 vol. in-16 cart.

Wohl (Janke). — *Fr. Liszt*. Paris, Ollendorff, 1887, 1 vol. in-16 cart.

114. Huygens (Constantin). — *Correspondance et œuvres musicales*. Leyde, 1882, 1 vol. in-4° dem. rel.

115. Liszt (Franz). — *Briefe*. Leipzig, Breitkopf et Hartel, 1896-1902, 6 vol. in-18 toile.

Liszt (Franz). — *Lettres à une amie, publiées par La Maia*. Paris, Costallat, 1894, 1 vol. in-18 toile.

116. Romanne (L.). — *Franz Liszt, artist and man*. Londres, Allen, 1882, 2 vol. in-16 toile.

Liszt (Franz). — *Correspondance, avec Hans de Bülow, publié par La Maia*. Leipzig, Breitkopf et Härtel, 1899, 1 vol. in-16 cart.

Liszt (Franz). — *De la Fondation-Goethe à Weimar*. Leipzig, Brockhaus, 1851, 1 vol. in-16 cart.

117. Niecks (Fred.). — *Frederick Chopin as a man and musician*. Londres, Novello, 1890, 2 vol. in-8° toile.

Maria. —*Une idylle d'amour en musique. Chopin à Maria Wodzinska*. Leipzig, Breitkopf et Haisel, 1 album in-4° obl. rel. mar.

Paderewski (I.-J.). — *A la mémoire de Frédéric Chopin* Paris, Agence Polonaise de la presse, 1911, 1 vol. in-4° cart.

118. Karasowski (M.). — *Fr. Chopin, his life and letters*. Londres, Reeves, 2 vol. in-16 toile.

Kleczynski (J.). — *Frédéric Chopin. Interprétation de ses œuvres*. Paris, Machar, 1880, 1 vol. in-16 cart.

Ganche (Edouard). — *La Pologne et Frédéric Chopin*. Paris, Morelle, 1917, 1 vol. in-16 cart.

Liszt (F.). — *F. Chopin*. Leipzig, Breitkopf et Haertel, 1882, 1 vol. gr. in-8° d. toile.

119. Barbedette (H.). — *F. Chopin, essai de critique musicale*. Paris, Au Menestrel, 1869, 1 vol. in-8° cart.

Karlowicz (M.). — *Souvenirs inédits de Frèd. Chopin.* Paris, Welter, 1904, 1 vol. in-4° cart.

Liszt (F.). — *F. Chopin.* Paris, Escudier, 1852, 1 vol. in-8° cart

Bennett (Jos.). — *Frédéric Chopin.* Londres, 1 vol. in-16 cart.

120. **Ganche** (Edouard). — *Frédéric Chopin.* Paris, Mercure de France, 1921, 1 vol. in-8° cart. portr.

Audley (Mme A.). — *Fréd. Chopin, sa vie et ses œuvres.* Paris, Plon, 1880, 1 vol. in-16 cart.

Ganche (Ed.). — *La vie de Fred. Chopin dans son œuvre, sa liaison avec George Sand.* Paris, Soc. des auteurs-éditeurs, 1909, 1 vol. in-16 cart.

Tarnowski (cte Stan.). — *Chopin as revealed by extracts from his diary.* Londres, Reeves, 1 vol. in-16 toile. portr.

121. **Sergy.** — *Fanny Mendelssohn.* Paris, Fischbacher, s. d., 1 vol. in-16 cart.

Barbedette (H.). — *Félix Mendelssohn.* Paris, Heugel, 1869, 1 vol. in-8° cart.

Hiller (Ferdinand). — *Mendelssohn.* Londres, Macmillan, 1874, 1 vol. pet. in-8° toile.

Mendelssohn-Bartholdy (F.). — *Reisebriefe.* Leipzig, Mendelssohn, 1865, 1 vol. petit in-8° drl.

122. **Hiller** (Ferdin.). — *Félix Mendelssohn-Barthotdy.* Paris, Baur, 1867, 1 vol. in-16 cart.

Edwards (F.-G.). — *The History of Mendelssohns' oratorio.* London, Novello, 1896, 1 vol. in-16 toile.

von Glehn (E.). — *Goethe and Mendelssohn.* London, Macmillan, 1872, 1 vol. in-16 toile (2 exempl.).

David (Ern.). — *Les Mendelssohn-Bartholdi et Robert Schumann.* Paris, Calmann-Lévy, 1886, 1 vol. in-16 cart.

123. **Massenet** (Jules). — *Mes souvenirs* 1848-1912. Paris, Lafitte, s. d., 1 vol, in-18 cart.

de Solenière (E.). — *Massenet. Etude critique et documentaire.* Paris, Fischbacher, 1897, 1 vol. in-8° cart.

Martineau (René). — *Emmanuel Chabrier.* Paris, Dorbon, 1 vol. in-16 toile.

Servières (Georges). — *Emmanuel Chabrier.* Paris, Alcan, 1912, 1 vol. in-16 br.

124. **Weber** (Johannès). — *Meyerbeer.* Paris, Fischbacher, 1898, 1 vol. in-16 cart.

Blaze de Bury (H.). — *Meyerbeer.* Paris, Heugel, 1865, 1 vol. in-4° cart.

Sept brochures sur Meyerbeer, etc.

MOZART. — Sa Vie, Son Œuvre.

125. **von Nissen** (G.-N.). — *Biographie W.-A. Mozarts.* Leipzig, Breitkopf et Haertel, 1828, 1 vol. in-16 cart.

126. **Jahn** (Otto). — *Mozart*, Leipzig, Breitkopf et Haertel, 3 vol. in-16, cart.

127. **Kerst et Krehbiel.** — *Mozart.* London, Gay & Bird, 1 06, 1 vol. in-16 toile.
Niemetschek (Fr.). — *W.-A. Mozart.* Prague, Faussig, s. d. 1 vol. in-16 cart.
Fleischer (Oscar). — *Mozart.* Berlin, Hofmann, 1900, 1 vol. in-16 cart.
Nottebohm (Gustav). — *Mozartiana.* Leipzig, Breitkopf, 1880, 1 vol. in-16 cart.

128. Cinq brochures sur Mozart.

129. **Gounod** (Charles). — *Le don Juan de Mozart.* Paris, Ollendorff, 1890, 1 vol. in-16 cart.
Holmes (Edward). — *Life of Mozart.* Londres, Chapman et Hall, 1845, 1 vol. in-32 cart.
Nohl (Ludwig). — *Mozarts Leben.* Berlin, 1906, 2 vol. in-16 toile.

130. **Schünemann** (G.). — *Mozart als achtjahriger komponist.* Berlin. Beitkopf. s. d. 1 vol. in-4° obl. toile.
Salzburger Mozart-Album. Salzburg, Glonner, s. d. 1 vol. in-4° obl. perc.

131. **Kufferath** (M.). — *La Flute enchantée de Mozart.* Paris, Fischbacher, 1914-19, 1 vol. in-16. br.
de Curzon (H.). — *Lettres de W.-A. Mozart.* Paris, Hachette, 1888, 1 vol. in-8° dos toile

132. **Ritter von Köchel** (Ludw). — *Chronologisch-thematiches verzeichniss sammtlicher Tonwerke W.-A. Mozart's.* Leipzig, Breitkopf, 1862, 1 vol. in-4° cart.

133. **Ritter von Köchel** (Ludw). — *Chronologisch-thematisches verzeichniss Samtlicher Tonwerke W.-A. Mozart's.* Leipzig, Breitkopf, 1905, 1 vol. in-4° toile.

134. **Oulibicheff** (A.). — *Nouvelle biographie de Mozart.* Moscou, Semen, 1843, 3 vol. in-8° dem. rel.

135. **Schurig** (Arthur). — *W.-A. Mozart.* Leipzig, 1913, 2 vol. in-4° perc.

136. **de Nissen** (G.-N.). — *Histoire de W.-A. Mozart.* Paris, Garnier, 1869, 1 vol. in-4° perc.

137. **Wilder** (V.). — *Mozart.* Paris, Heugel, 1880, 1 vol. in-4° demi-perc.

138. **de Wyzewa et de Saint-Foix.** — *W.-A. Mozart.* Paris, Perrin, 1921, 2 tomes en 1 vol. in-8° demi-perc.

139. **Engl** (J.-Ev.). — *Mozart.* Salzburg, Herber, 1887, 1 vol. in-8°, cart.

Goschler (I.). — *Mozart, vie d'un artiste chrétien.* Paris, Douniol. 1857, 1 vol. in-16 cart.

140. *Catalogue du musée Mozart à Salzbourg*, 3 vol. in-8° cart.

Scheurleer (D.-E.). — *Mozart's verblijf in Nederland.* La Haye, Nyhoff, 1883, 1 vol. in-16 d. toile.

Scheurleer (D.-F.). — *Portretten van Mozart.* La Haye, Nyhoff, 1906, 1 vol. in 8° cart.

Frankl (L.-A.). — *Mozarts Manen! zü Mozarts hunderstem Todestag.* Wien, Daberskow, 1891, 1 vol. in-16, cart.

Hirschfeld (Dr Rob.). — *Festrede zu Mozart centenarfeur* 1891, *zu Salzburg.* Salzbourg, Herber, 1891, 1 vol. in-16 cart.

Nouvelles lettres des dernières années de la vie de Mozart, traduites par H. de Curzon. Paris, Fischbacher, 1898, 1 vol. in-16 cart.

141. **d'Alheim** (P.). — *Moussorgski.* Paris, Mercure de France, 1896, 1 vol. in-16 cart.

Pougin (A.). — *Monsigny et son temps.* Paris, Fischbacher, 1908, 1 vol. in-8° cart.

142. **Kohut** (A.). — *Rossini.* Leipzig, s. d., 1 vol. in-32 cart.

Vie de G. Rossini par un dilettante. Anvers, 1839, 1 vol. in-16 demi-rel.

Oettinger (E.-M.). — *Rossini.* Bruxelles, 1858, 2 vol. (II et III) cart.

Stendhal. — *Vie de Rossini.* Paris, Lévy, 1854, 1 vol in-16 demi-rel.

Escudier (Les frères). — *Rossini.* Paris, Dentre, 1854, 1 vol. in-16 cart.

143. *Catalogue of the unpublished compositions of Rossini.* Londres, 1878, 1 vol. in-8° cart.

Azevedo (A.). — *G. Rossini.* Paris, Heugel, 1865, 1 vol. gr. in-8° perc.

Edwards (H. Sutherland). — *Rossini and his School.* Londres, 1881, 1 vol. in-16, cart.

Carpani (G.). — *Le Rossinione.* Padova, 1824, 1 vol. in-8° cart.

144. Imbert (H.). — *J. Brahms.* Paris, Fischbacher, 1906, 1 vol. 1 vol. in-8° cart.

Dietrich (Alb.) **and Widmann** (J.-V.). — *Recollections of J. Brahms.* London, Seeley, 1899, 1 vol. in-16 perc.

145. Dent (Edw.-J.). — *Alessandro Scarlatti.* Londres, Arnold, 1905, 1 vol. in-8° toile.

146. Saint-Saëns. — *Portraits et Souvenirs.* Paris, Calmann-Lévy.

147. Moscheles (G.). — *Fragments of an Autobiography.* London, Nisbet, 1899, 1 vol. in-8° toile.

148. Audley (Mme). — *Franz Schubert, sa vie et ses œuvres.* Paris, Didier, s. d., 1 vol. in-16 toile.

Gallet (Mme Maurice). — *Schubert et le lied.* Paris, Perrin, 1907, 1 vol. in-16 cart.

Musiek (Die). — *Schubert-Heft.* Berlin, Schuster et Loeffler, 1912, 1 vol. in-4° cart.

148*bis* Barbedette (H.). — *Schubert, sa vie, ses œuvres, son temps.* Paris, Heugel, 1866, 1 vol. in-4° cart.

de Curzon (Henri). — *Les Lieder de Franz Schubert.* Paris, Fischbacher, 1899, 1 vol. in-16 cart.

Niggli (A.). — *Musiker-Biographier Schubert.*

149. Schneider (L.) **et Mareschal** (M.). — *Schumann, sa vie et ses œuvres.* Paris, Fasquelle, 1905, 1 vol. in-16 cart.

Schumann (R.). — *Ecrits sur la musique et les musiciens.* Paris, Fischbacher, 1894, 1 vol. in-16 d. toile.

Schumann (Rob.). — *Musikalische haus-und lebensregeln.* Leipzig, Schuberth. s. d. 1 vol in-32 cart

Batka (R) — *Schumann* Leipzig, Reklam, 1 vol in-32 cart

149*bis* D'albert (Marguerite) — *Robert Schumann, son œuvre pour piano* Paris, Fischbacher, 1904, 1 vil in-16 perc.

Mesnard (Léonce) — *Etude sur Robert Schumann* Paris, Durand, 1876, 1 vol in-8° cart

Thematisches Verzeichniss sämmtlicher im Druck erschienenen Werke Robert Schumann's Leipzig, Schuberth, s. d. 1 vol. gr in-8° drl.

Hubert (Jean) — *Autour d'une sonate. Etude sur Robert Schumann.* Paris, Fischbacher, 1898, 1 vol. gr. in-8° cart.

Die Musik. — *Schumann-heft.* Berlin, 1908-06. 1 vol. in-4° cart.

Lettres choisies de Rob. Schumann. Paris, Fischbacher, 1912, 2 vol. in-16 cart.

150. Seidl (Anton). — *A memorial by his friends.* New-York, Scribner, 1899, 1 vol. in-4° toile.

151. Cinq brochures sur Richard Strauss.

152. Newman (Ern.). — *Richard Strauss.* London, John Lane 1908 1 vol. in-16 toile.

Kufferath (M.). — *Salomé.* Paris, Fischbacher, 1907. 1 vol. in-16 cart.

Steinitzer (Max). — *Richard Strauss.* Berlin, 1911, 1 vol. in-8° cart.

Die Musiek. — *Richard Strauss heft.* Berlin, 1904-05, 1 vol. in-4° cart.

153. Curzon (H. de). — *La légende de Sigurd dans l'Edda.* Paris, Fischbacher, 1890, 1 vol. in 16 cart.

Curzon (H. de). — *Salambô, le poème et l'opéra.* Paris, Fischbacher, 1890, 1 vol. in-8° cart.

Saintenoy (Paul). — *La mise en scène de Salambô au point de vue archéologique.* Bruxelles, All. typogr. 1890, 1 vol. in-8° cart.

Jullien (A) — *Ernest Reyer* Paris, Laurens, s d., 1 vol. cart.

Poorten (Arved) — *Testament d'un musicien* Paris, Fischbacher, 1890, 1 vol in-16° cart

Reyer (Ernest) — *Notes de musique* Paris, Charpentier, 1875, 1 vol in-16 cart.

Reyer (Ernest) — *Quarante ans de musique* Paris, Calmann-Lévy, s d , 1 vol in-16 cart.

154 Laurence (Arthur) — *Sir Arthur Sullivan.* London Bowden, 1899, 1 vol. in-16 perc. (deux exemplaires).

155. Baughan (Edw. Alg.). — *Ignaz Jan Paderewski.* London, 1908, 1 vol. toile.

Kapp (J.). — *Paganini.* Berlin, 1913, 1 vol. in-8° perc.

156. Denne-Baron. — *Cherubini.* Paris, Au Ménestrel, 1862, 1 vol. in-16 d. toile (deux exemplaires).

Bellasis (Edward). — *Cherubini memorials of illustration of his life.* Londres, Burns et Oates, 1874, 1 vol. in-16 drl.

157. *La damnation de Faust. Le cycle Berlioz* par J.-G. Prod'homme. Paris, Biblioth. de l'Association, 1896, 1 vol. in-16 perc.

L'Enfance du Christ. Le cycle Berlioz par J.-G. Prod'homme. Paris, Mercure de France, 1898, 1 vol. in-16 br. (recherché).

Allix (G.). — *La personnalité artistique de Berlioz,* Grenoble, 1903, 1 vol. in-8° cart.

Mesnard (Léonce). — *Essais de critique musicale. H. Berlioz, J. Brahms.* Paris, Fischbacher, 1888, 1 vol. in-8° br.

157*bis*. Bennett (J.). — *Hector Berlioz.* London, Novello, s. d. 1 vol. in-8° br.

Noufflard (G). — *Hector Berlioz et le mouvement de l'art contemporain.* Paris, Fischbacher, 1885, 1 vol. in-16 br.

157*bis*. Brenet (Michel). — *Deux pages de la vie de Berlioz*. Paris, Vanier, 1889, 1 vol. in-8° br.

Boschot (Ad.). — *Le crépuscule d'un romantique. Hector Berlioz*, 2e édit.. Paris, Plon, 1912, 1 vol. in-16 perc.

158. Berlioz (H.). — *Correspondance inédite*. Paris, Calmann-Lévy, 1879, 1 vol. in-16 br.

Berlioz (H.). — *Les grotesques de la musique*. Paris, M. Lévy, 1870, 1 vol. in-16 br.

Berlioz (H.). — *Briefe*. Leipzig, Breitkopf, 1903, 1 vol. in-16 cart.

159. Hequet (G.). — *A. Boieldieu*. Paris, Heugel, 1864, 1 vol. in-8 cart.

De Thannberg (H.). — *Le centenaire de Boieldieu*. Paris, Haulard, s. d. 1 vol. n-18 cart. (2 exemplaires).

Pongin (Arthur). — *Boieldieu*. Paris, Charpentier, 1875, 1 vol. in-16 cart.

160. Diverses brochures sur Saint-Saëns.

161. Saint-Saens. — *Ecole buissonnière*. Paris, Laffite, S. d., 1 vol· in-16 cart.

Bonnerot (Jean). — *C. Saint-Saëns*. Paris, Durand, S. d., 1 vol. in-16 cart.

Saint-Saëns (C.).— *Portraits et souvenirs*. Paris, Edition Artistique. S. d. ,1 vol. in-16 perc.

Saint-Saëns (C.). — *Problèmes et Mystères*. Paris, Flammarion, 1894., 1 vol. in-16 cart.

Baumann (Emile). — *Les grandes formes de la musique. L'œuvre de C. Saint-Saëns*. Paris, Ollendorff, 1905, 1 vol. in-16 cart.

162. Vingt-cinq brochures varia sur divers artistes.

163. Becker (G.). — *Pygmalion par J.-J. Rousseau*. Genève, Georg, 1878, 1 vol. in-32 cart., deux exemplaires.

Pougin (Arthur). — *Jean-Jacques Rousseau musicien*, trois grav. et un portrait. Paris, Fischbacher, 1901, 1 vol, in-8°, art.

164. De La Laurencie. — *Quelques documents sur Rameau et sa famille*. Paris, 1907, 1 vol. gr. in-8° cart.

Pougin (A.). — *Rameau*. Paris, Decoux, 1876, 1 vol. in-16 dem. rel.

165. Quatroze brochures sur des artistes divers.

166. Vingt-quatre brochures sur divers artistes.

167. Blaes (J.). — *Souvenirs de ma vie artistique*. Bruxelles, Monnon, 1888, 1 vol. in-8° cart.

Heguet (J.). — *A. Boïeldieu, sa vie, ses œuvres.* Paris, Hengel.
Blangini (F.). — *Souvenirs.* Paris, Allardin, 1834, 1 vol. in-8° dem. rel.

168. **Maurel** (Victor). — *Dix ans de carrière.* Paris, Villerelle. S. d., 1 vol. in-16 cart.
Maurel (Victor). — *Un problème d'art.* Paris, Stock, 1893, 1 vol. in-18 cart.
Spoll (E.-A.). — *Mme Carvalho. Notes et souvenirs.* Paris, Libr. des Bibliothèques, 1885, 1 vol. in-32 cart.
Comettant (Oscar). — *Histoire d'un inventeur au XIXe suiècle.* Adolphe Sax. Paris, Pagnerre, 1860, 1 vol. gr. in-8° cart.
Strakosch (M.).— *Souvenirs d'un impressario.* Paris, Ollendorff, 1887, 1 vol. in-16 cart.
Bord (G.). — *Rosine Stoltz.* Paris, Baragon, 1909, 1 vol. in-16 cart.
Stevens (N.-J.). — *Souvenirs d'un musicien.* Bruxelles, 1846, 1 vol. in-8° cart.
Schürmann. — *Les étoiles en voyage.* Paris, Tresse, 1893, 1 vol. in-16 cart.

169. Quinze brochures sur divers artistes.

170. **de Mercy-Argenteau.** — *César Cui.* Paris, Fischbacher, 1888, 1 vol. gr. in-8° cart.
Chennevière (Daniel). — *Claude Debussy et son œuvre.* Paris, Durand, s. d., 1 vol. in-16 br.

171. **Deldevez** (E.-M.-E.). — *Mes mémoires. Le passé à propos du présent.* Paris, 1890, -1893, 2 vol. in-8° cart.

172. *Vie de Dalayrac par R. C. G. P.* Paris, Barba, 1810, 1 vol. in-12 dem. rel.
Pirro (André). — *Descartes et la musique.* Paris, Fischbacher, 1907, 1 vol. in-8° cart.

173. **Hennes** (Aloys). — *Therese Hennes and her musical education.* London, Finsley, 1877, 1 vol. in-16 toile.
Pougin (Art.). — *Marie Malibran.* Paris, Plon, 1911, 1 vol. in-16 cart.

174. **Gautier** (Judith). — *Le roman d'un grand chanteur.* Paris, Fasquelle, 1912, 1 vol. in-16 cart.
Barillon-Bauche (Paula). — *Augusta Holmès et la femme compositeur.* Paris, Fischbacher, 1912, 1 vol. in-16 cart.
Lanquine (Cl.). — *La Malibran.* Paris, Michaud, s. d., 1 vol. in-16 toile.
Soleniere (de). — *Rose Caron.* Paris, 1896, 1 vol. in-8°.

175. *The Mapleson Memoirs* (1848-1888). — London, Remington, 1888, 2 vol. in-8° toile.

Sonneck (O.-G.). — *Fr. Hopkinson and James Lyon.* Washington Mc Queen, 1905, 1 vol. in-18° cart.

176. Vanderstraeten (Edm.). — *Jacques de Gouij, chanoine d'Embrun.* Anvers, Buschmann, 1863, 1 vol. in-8° cart.

Dancla (Ch.). — *Notes et souvenirs.* Paris, Le Bailly, S. d., 1 vol in-8° cart.

Dehaisnes (Abbé C.). — *Notice sur M. E. de Cousemaker.* Lille, Danel, 1876, 1 vol. in-8° cart.

Gautier (L.-E.). — *Eloge d'Al. Choron.* Paris, Deroche, 1845, 1 vol. in-16 cart.

177. Malherbe (Ch.). — *Catalogue bibliographique de la section française à l'Exposition de Bergame.* Paris, 1897, 1 vol. in-16 cart.

Ginisty (Paul). — *Souvenirs de Mlle Duthé de l'Opéra.* Paris, Michaud, 1 vol. in-16 cart.

Servières (G.). — *E. Chabrier.* Paris, Alcan, 1 vol. in-16.

Deshanges, Briseis de Chabrier. Paris 1897.

178. Radet (Edm.). — *Lully.* Paris, Librairie de l'Art, 1 vol. gr. in-4° grav. cart.

179. *Manifestation Guillaume Guidé,* 1912, 1 vol. in-fol. cart.

180 De Montrond (M.). — *Les musiciens les plus célèbres* Lille, Lefort, 1853, 1 vol in-16 toile

Pougin (Art.). — *Marietta Alboni* Paris, Plon-Nourrit, 1912, 1 vol in-12 cart

Azevedo (Alexis). — *Félicien David, sa vie et son œuvre.* Paris, Heugel, 1863, 1 vol. gr. in-8° cart.

Mailly. — *Itinéraires et souvenirs de voyages.* Bruxelles, 1891, 1 vol. in-8° cart.

181. Jullien (Ad.). — *Un potentat musical. Papillon de la Ferté.* Paris, Detaille, 1876, 1 vol. in-8° cart.

De Curzon (H.). — *Les dernières années de Piccinni.* Paris, Fischbacher, 1890, 1 vol. in-8° cart.

Ginguené (P.-L.). — *Notice sur la vie de N. Piccinni.* Paris, Pauckoucke au IX, 1 vol. in-16 dem. rel.

Arnaud (Angelique). — *François del Salte.* Paris, Delagrave, 1882, 1 vol. in-16 cart

Comettant (O.) — *Francis Plante* Paris, 1874, 1 vol in-8° cart.

Mereaux (A.). — *Ponchard.* Paris, Heugel, 1866, 1 vol. gr. in-8° cart.

Mennel (R.). — *Maurice Ravel et son œuvre.* Paris, Durand, 1 vol. in-8° br.

182. Niedermeyer. — *Vie d'un compositeur Moderne.* Introd. de C. Saint-Saëns. Paris, Fischbacher, 1893, 1 vol. in-4° d. toile.

Buckley (R.-J.). — *Sir Edw-Elgar.* London, John Lane, 1905, 1 vol in-16 toile.

Saint-Saëns (C.). — *Ecole buissonnière. Notes et souvenirs.* Paris, Laffitte, 1913, 1 vol. in-16 br.

Saint-Saëns (C.). — *Portraits et souvenirs.* Paris, Société d'édition artistique, 1 vol. in-16 br.

183. Van den Bomen (Charles). — *L'œuvre dramatique de C. Franck, Hulda et Ghiselle.* Bruxelles, Schott, 1907, 1 vol. in-16 cart.

Vuillemin (Louis). — *Gabriel Fauré et son œuvre.* Paris, Durand, 1914, 1 vol. in-16 br.

Cinq brochures dont deux sur César Franck.

Recueil de brochures diverses, 1 vol. in-4° cart.

Pougin (A.). — *Albert Grisar.* Paris, Hachette, 1870, 1 vol. in-16 cart.

Closson (E.). — *Eduard Grieg et la musique scandinave.* Paris, Fischbacher, 1892, 1 vol. in-8° cart.

Ehrhard (Auguste). — *Franz Grillparzer.* Paris, Lecène et Oudin, 1900, 1 vol. in-16 cart.

184 Fonque (Octave). — *Glinka.* Paris, Heugel, 1880, 1 vol. in-4° cart

Douze brochures sur divers artistes.

Lafond (Paul). — *Garat.* Paris, Calmann-Lévy, s. d., 1 vol. in-8° cart.

Gallet (Louis). — *Notes d'un librettiste.* Paris, Calmann-Lévy, 1891, 1 vol in-16 cart.

185 Desnoiresterres (G.). — *Gluck et Piccinni.* Paris, Didier, 1875, 1 vol. in-16 dem. toile.

Wotquenne (Alf.). — *Catalogue thématique des œuvres de Chr. W.-V. Gluck.* Leipzig, Breitkopf, 1904, 1 vol. in-4° cart.

Trois brochures sur Glück.

Nohl (M.-L.). — *Lettres de Gluck et de Weber.* Paris, Plon, 1870, 1 vol. in-16 cart.

186. Neuman (Em.). — *Gluck and the opera.* London, Dobbel, 1895, 1 vol. in-16 toile.

Marx (A.-B.). — *Gluck's Leben und Schaffen.* Berlin, Janke, 1866, 2 vol. gr. in-8° dem. perc.

187. Schmid (Anton). — *C.-W. Ritter von Gluck.* Leipzig, Fleischer, 1854, 1 vol. in-8° dem. perc.

Heiszmann (Aug.). — *Glück, sein leben und seine Werke.* Berlin et Leipzig, Guttentag, 1882, 1 vol. in-16 toile.

188. **Leblond** (Abbé). — *Mémoires pour servir à l'histoire de la révolution opérée dans la musique par M. le chevalier Gluck.* Naples, 1781, 1 vol. in-8° dem. rel.

189. **Prod'homme** (J.-G.) et **Dandelot** (A.). — *Gounod, sa vie et ses œuvres.* Paris, Delagrave, 1911, 1 vol, in-16 dem. perc.

Goldmark. — *La regina di Saba al teatro regio di Torino.* Milano, 1879, 1 vol. gr. in-8° cart.

Gounod (Ch.). — *Mémoires d'un artiste.* Paris, Calmann-Lévy, 1896, 1 vol. in-16 cart.

Deux brochures sur Gounod.

Tarnowski (Stanislas). — *Chopin : as revealed by extracts from his diary.* London, Reeves, s. d 1 vol in-12 cart

190 **Quittard** (H) — *Henry Du Mont* (1610-1684) Paris, Mercure de France, 1906, 1 vol gr in-8° cart

Brenet (M.). *Claude Goudimel.* Besançon, 1898, 1 vol. in-8° cart.

Schneider (Louis). — *Claudio Monteverdi.* Paris, Perrin, 1921, 1 vol. in-8° cart.

191. **Gregoir** (Edouard). — *Grétry.* Schott, 1883.

Brenet (Michel). — *Grétry, sa vie et ses œuvres.* Paris, Gauthier-Villars, 1884, 1 vol. in-8° cart.

van Hulst (F.). — *Grétry.* Liége, Oudart, 1842, 1 vol. in-8° cart.

Quatre brochures sur Grétry.

192. **Lyon** (Cl.). — *Jean Cuyot dit Casteleir.* Charleroi, 1876, 1 vol. in-8° cart.

Lyon (Clément). — *Jean Guyot de Chatelet.* Charleroi, 1881, 1 vol. in-8° cart.

193. **Desfossez** (A.). — *Henri Weniawski.* La Haye, 1856, 1 vol. in-4° cart. et trois autres brochures.

Tolbecque (A.). — *Souvenirs d'un musicien en province.* Niort. Mercier, 1896, 1 vol. in-16 cart.

194. **Limouzin** (Th.). — *Eugène Vivier.* Paris, Marpon, s. d. 1 vol in-16 cart. et **Tolbecque**. — *Souvenirs d'un musicien en province,* 1 vol. in-8° cart.

Kufferath (M.). — *Henri Vieuxtemps.* Bruxelles, Rozez, 1883, 1 vol. in-16 cart.

Radoux (Theod.). — *Vieuxtemps.* Liége, Bénard, 1891, 1 vol. in-8° cart.

195. Différentes brochures sur Weber.

Barbedette (H.). — *Ch. M. de Weber, sa vie et ses œuvres.* Paris, Heugel, 1874, 1 vol. in-4° cart.

186. **de Biez** (J.). — *Tamburini et la musique italienne.* Paris, Tresse, 1877, 1 vol. in-16, cart. et divers.

Wotquenne (Alfred). — *Table alphabétique des morceaux mesurés contenus dans les œuvres dramatiques de Zeno, Metastasio et Goldoni.* Leipzig, Breitkopf, 1905, 1 vol. in-8° cart.

Deux brochures sur Adrien Willaert.

197. **de Curzon** (H. de). — *Weber.* Paris, Fischbacher, s. d., 1 vol. in-16 cart. et trois brochures sur Weber.

198. **Tourgueneff** (Ivan). — *Lettres à Madame Wardot.* Paris, Charpentier, 1907, 1 vol. in-16 cart. et *diverses brochures.*

199. **Neuman** (Ernest). — *Hugo Wolf.* Londres, Methuen, 1 vol. in-8° toile.

Neumarch (Rosa). — *Tchaikovsky.* London, Richards, 1900, 1 vol. in-16 perc.

200. **Rubinstein** (Antoine). — *La musique et ses représentants.* Paris, Heugel, 1892, 1 vol. in-8° cart.

Roger (G.). — *Le carnet d'un ténor.* Paris, Ollendorff, 1880, 1 vol. in-8° cart.

Poorten (Arved). — *Tournée artistique dans l'intérieur de la Russie.* Brux. Maquardt, 1873, 1 vol. in-8° cart.

Pongin (Arthur) — *Notice sur Rode.* Paris, Pottier, 1874, 1 vol. in-8° cart.

Wotquenne (Alf.). — *Etude bibliographique sur Luigi Rossi* Brux. 1909. 1 br. in-8°.

Tiersot (J.). — *Ronsard et la musique de son temps.* Leipzig, s. d. 1 vol. in-8° cart.

201. **Quicherat** (L.). — *Adolphe Nourrit.* Paris, Hachette, 1867, 3 vol. in-8° cart.

202. **Musiker Biographien.** — *Les volumes sur Liszt, Glück, Franz, Mozart, Meyerbeer, Weber, Beethoven, Cherubini, Mendelssohn, Marschner, Lortzing.* Leipzig, Ph. Recklam, 12 vol. in-16 cart.

203. **Thoinan** (Er.). — *Déploration de Guillaume Créten sur le trépas de Jean Okeghem.* Paris, Claudin, 1864, 1 vol. in-8° cart.

Elogio funebre del M. R. don G. B. Candotte. Cividale, typogr. Ferdinando, 1876, 1 vol. in-8° cart.

Lyon (Cl.). — *Jean Guyot dit Casticiti, musicien wallon du XVI° siècle.* Charleroi, 1876. 1 vol. in-8° cart.

Van Aerde (R.). — *Menestrels communaux et instruments divers à Malines de 1311 à 1790.* Malines, Godenne, 1911, 1 vol. in-8° cart.

Van Elewyck. — *Matthias van den Gheyn.* Bruxelles, 1862, 1 vol. in-8° cart.

RICHARD WAGNER. — Sa Vie. Son Œuvre. etc.

204. **Wagner** (R.). — *Ma vie.* Paris, Plon-Nourrit, 1911-1912, 3 tomes en 1 vol. in-8° d. toile.

205. **Wagner** (R.). — *Prose Works, translated by W.-A. Ellis.* London, Kegan Paul, 1892-1899, 8 vol. in-8° toile.

206. **Wagner** (R.). — *Œuvres en prose, trad. en français par J.-G. Prod'homme.* Paris, Delagrave, 9 tomes en 5 vol. d. toile (le tome 9 broché).

207. **Wagner** (R.). *Quatre poèmes d'opéras traduits en prose française.* Paris, Bourdillat, 1861, 1 vol. in-18 percal.

Wagner (R.). — *Dix écrits, avant-propos par H. Silège.* Paris, Fischbacher, 1898, 1 vol. in-18 d. toile.

Wagner (R.).— *Quinze lettres à Elisa Welle.* Bruxelles, Monnom, 1894, 1 vol. in-8° cart.

208. **Wagner** et **Liszt**. — *Correspondance. Trad. par Schmitt.* Leipzig, Breitkopf, 1900, 2 vol. in-18 toile.

Richard to Minna Wagner. — *Letters to his first wife, tr nslated by W.-A. Ellis.* London, Grevel, 1909, 2 vol. in-8° toile.

209. **Wagner** (R.). — *Gesammelte Schriften und Dichtungen.* Leipzig, Fritzpch, 1871, 4 tomes en 2 vol. in-8° d. toile.

210. **Richard Wagner** .— *Lettres à Mathilde Wesendonck. Trad. par G. Khnopff, préf. de H. Lichtenberger.* Berlin, Duscher, 2 vol. in-8° cart.

Wagner (R.). — *Lettres à Uhlig, Fischer et F. Heine, trad. par G. Khnopf.* Paris, Juven, s. d. 1 vol. in-8° cart. portr.

211. **Ellis** et **Glasenapt**. — *Life of Richard Wagner.* London, Kegan Paul, 1900-1908, 1 vol. in-8° toile, ill.

212. **Lichtenberger** (H.). — *Richard Wagner poète et penseur.* Paris, Alcan, 1898, 1 vol. in-8° d. toile.

Adler (Guido). — *Richard Wagner, trad. par L. Laloy.* Leipzig, Breitkopf, 1909, 1 vol. in-8° d. toile.

213. **Wagenselius** (J.-Ch.). — *De Sacri Rom. Impera libera curtate Nonbergensi.* Aetdorf, 1697, 1 vol. in-4° velin.

214. **de Curzon** (H.). — *L'œuvre de Richard Wagner à Paris et ses interprètes* (1850-1914). Paris Senart, s. d., 1 vol. in-4° br. pel.

215. **Servières** (G.). — *Richard Wagner jugé en France.* Paris, Libr. illustrée, 1 vol. in-18 br.

Dauriac (L.). — *Le musicien poète Richard Wagner.* Paris, Fischbacher, 1908, 1 vol. in-18 cart.

Bernardine (L.). — *Richard Wagner.* Paris, Flammarion, s. d., 1 vol. in-18 cart.

Dwelshauwers (F.-V.). — *Wagner.* Verviers, 1889, 1 vol. in-18 cart. (Bibliothèque Gilon).

216. **Ernst** (Alfred). — *L'art de Richard Wagner.* Paris, Plon, 1893, 1 vol. in-18 d. toile.

Freson (J.-G.). — *L'esthétique de Richard Wagner.* Paris, Fischbacher, 1893, 2 tomes en 1 vol. in-18 d. toile.

Evenepoel (Ed.). — *Le wagnérisme hors d'Allemagne. Bruxelles et la Belgique.* Paris, Fischbacher, 1891, 1 vol. in-8° d. toile.

217. **Hébert** (Marcel.) — *Le sentiment religieux dans l'œuvre de Richard Wagner.* Paris, Fischbacher, 1895, 1 vol. in-18 cart.

Grand-Carteret (J.). — *Wagner en caricatures.* Paris, Larousse, s. d., 1 vol. in-8° cart.

Fazy (Ed.). — *Louis II et Richard Wagner.* Paris, Perrin, 1893, 1 vol. in-18 cart.

Klors (J.-E.). — *Vingt années de Bayreuth.* Berlin, Schuster et Loeffler. 1 vol. in-18 cart.

Fischbach (G.). — *De Strasbourg à Bayreuth.* Strasbourg, Fischbach, 1882, 1 vol. in-8° cart.

213. **Lavignac** (A.). — *Le voyage artistique à Bayreuth.* Paris, Delagrave, 1897, 1 vol. in-18 toile.

Milner Barry. — *Bayreuth and Franconion Switzerldand.* London, Sonnenscheen, 1887, 1 vol. in-18 cart. pel.

Freson (S.-G.). — *Un pèlerinage d'art. Bayreuth,* 1 album, in-18 obl. cart.

de Saint-Auban (Em.). — *Un pèlerinage à Bayreuth.* Paris, Savine, s. d., 1 vol. in-18 cart.

219. **Lidgey** (Ch.-A.). — *Wagner.* London, Dent, 1899, 1 vol. in-18 toile

Golther (W.).— *Richard Wagner as poet.* London, Heinemann, 1905, 1 vol. in-18 toile.

Neuman (Ern.). — *The music of the masters. Wagner.* London, Wellby, 3 d., 1 vol. in-12 toile.

Taylour (Virginia). — *Stories from Wagner.* London, Digby, 1899, 1 vol. in-18 toile.

220. **Marnold** (Jean). — *Le cas Wagner. La musique pendant la guerre.* Paris, Demets, 1918, 1 vol. in-16 br.

Lindau (Paul). — *R. Wagner. Traduct. J. Weber.* Paris, Hinrichsen, 1885, 1 vol. in-16 dem. toile.

Schuré (Ed.). — *Femmes inspiratrices et poètes annonciateurs.* Paris, Perrin, 1908, 1 vol. in-16 cart.

Gautier (Judith). — *Richard Wagner et son œuvre poétique depuis Rienzi jusqu'à Parsifal.* Paris, Charavay, in-8°, 1 vol. in-16 cart.

Maridort (Pierre). — *Drames cérébraux*. Rouen, Impr. du nouvelliste, 1900, 1 vol. in-18 cart.

221. **Kufferath** (M.). — *Le théâtre de R. Wagner. Lohengrin*. Paris, Fischbacher, 1891, 1 vol. in-16 cart.

Wagner (R.). — *Musiciens poètes et philosophes*. Paris, Charpentier, 1887, 1 vol. in-18 cart.

Wagner (R.). — *Souvenirs, trad. par C. Benoit*. Paris, Charpentier, 1884, 1 vol. in-18 cart.

Schuré (Ed.). — *Souvenirs sur Richard Wagner. La première de Tristan et Yseult*. Paris, Perrin, 1900, 1 vol. in-18 cart.

Kufferath (M.). — *Tristan et Yseult*. Paris, Fischbacher, 1894, 1 vol. in-18 d. toile.

222. **Wagner** (R.). — *Lettres à Auguste Roeckel, trad. par M. Kufferath*. Breitkopf, 1894, 1 vol. in-18 cart.

de Monge (Léon). — *Etudes morales et littéraires. Epopée et romans chevaleresques*. Bruxelles, van den Broeck, 1887, 1 vol. in-18 cart.

Paris (G.). — *Légendes du moyen âge*. Paris, Hachette, 1903, 1 vol. in-18 cart.

223. **Seidl** (A.). — *Wagneriana*. Berlin et Leipzig, Schuster et Loefflé, 1901-1902, 3 vol. in-8° toile.

224. **de Chambrun** et **Legis**. — *Wagner, illustr.* Paris, Calmann-Lévy, 1895, 1 vol. in-8°.

de Chambrun. — *Wagner à Munich, Francfort, Nice*. Paris, 1898, 1 vol. in-8°.

3 brochures sur Wagner.

225. **Chambrun** (Cte de) et **S. Legis**. — *Wagner. Traduction avec introd. et notes ill. par J. Wagner*. Paris, Calmann-Lévy, 1895, vol. in-8° percal.

Chambrun (Cte de). — *Wagner à Munich, Francfort, Nice*. Paris, Calmann-Lévy, 1898, 1 vol. in-8°.

226. *Die musik*. 9 numéros consacrés à Wagner.

227. **Schuré** (Ed.). — *Le drame musical*. Paris, Sandoz et Fischbacher, 1875, 2 tomes en 1 vol. in-8° d. toile.

228. *Revue Wagnérienne* 1885-86-87. 3 vol. in-8° drl.

229. **Mendès** (C.). — *Richard Wagner*. Paris, Charpentier, 1886, 1 vol. in-18 percal.

Chamberlain (H.-S.). — *Richard Wagner. Sa vie et ses œuvres*. Paris, Perrin, 1894, 1 vol. in-18 d. toile.

Neumann (Angelo). — *Souvenirs sur Richard Wagner*. Paris, Calmann-Lévy, s. d., 1 vol. in-18 cart.

230. **Noufflard** (G.). — *R. Wagner d'après lui-même.* Paris, Fischbacher, 1885-1893, 2 vol. in-18 cart.

Schuré (Ed.). — *Richard Wagner. Son œuvre et son idée,* 6e éd. Paris, Perrin, 1904, 1 vol. in-18 cart.

Fuchs (H.). — *L'opéra et le drame musical d'après l'œuvre de R. Wagner.* Paris, Fischbacher, 1887, 1 vol. in-18. cart

231. **Newman** (E.). — *A study of Wagner.* London, Dobell, 1899, 1 vol. in-8o toile.

Neumann (A.). — *Erinnerungen an Richard Wagner.* Leipzig, 1907, 1 vol. in-8o cart.

232. Neuf brochures sur Wagner.

233. *R. Wagners photographische Bildnisse.* Munchen, Bruckmann, 1908, 1 vol. in-18 cart.

Henderson (W.-J.). — *Richard Wagner. His Life and his dramas.* New-York, Putnam, 1902, 1 vol. in-18 d. velin.

Ellis (A.). — *Wagner sketches,* 1849, a vendication. London, Kegan Paul, 1892, 1 vol. in-18 toile.

Newman (E.). *Wagner.* London, 1 vol. in-16 cart.

234. **de Gasperini** (A.). — *La nouvelle Allemagne musicale. Richard Wagner.* Paris, Heugel, 1866, 1 vol. in-8o d. toile.

Chambrun (Cte de). — *Wagner à Carsruhe. L'artiste du siècle.* Paris, Calmann-Lévy, 1898, 1 vol. in-8o cart.

234. **Destranges** (E.). — *Les Femmes dans l'œuvre de Richard Wagner.* Préf. de A. Bruneau. Ill. Paris. Fischbacher, 1899, 1 vol. in-4o perc.

235. **Tschudi** (Cl.). — *Ludwig the second, King of Bavaria.* London, Sonnenschun, 1 vol. in-8o toile, port.

Dauriac. — *R. Wagner.* Paris, Fischbacher, 1908, 1 vol. in-16.

Irvine (D.). — *A Wagnerian's midsummer madness.* London, Grevel, 1899, 1 vol. in-18 cart.

236. **Krehbul** (H.-E.). — *Studies in the wagnerian Drama.* London, Osgood, 1891, 1 vol. in-18 toile.

Ernst (Alfr.). — *Richard Wagner et les drames contemporains.* Introd. par L. de Fourcaud. Paris, Libr. Mod., 1887, 1 vol. in-18.

Chamberlain (H.-S.). — *Le drame wagnérien.* Paris, 1894, 1 vol. in-16 cart.

237. *Les Niebelungen,* trad. par. Mme Moreau de la Meltière. Paris, Joubert, 1839, 2 vol. in-8o cart.

Les Eddas, trad, par Mlle R. Du Puget. Paris, Garnier, 1 vol. in-8o cart.

237bis **De Baecher** (L.). — *Des Nibelungen.* Paris, Dumoulin, 1873, 1 vol. in-8° cart.

Paris (G.). — *Poèmes et légendes du moyen âge.* Paris, Soc. d'Edit. artist., 1 vol. in-8° d. toile.

238. **Nietzsche** (Fr.). — *Le cas Wagner,* trad. par D. Halevy et R. Dreyfus. Paris, Schulz, 1893, 1 vol. in-18 cart. et neuf broch. sur Wagner.

Nietzsche (Fréd.). — *Richard Wagner à Bayreuth,* trad. par M. Baumgartner, Schloss-Chemnitz, 1877, 1 vol. in-18 cart. (rare).

Bédier (J.).— *Le Roman de Tristan et Yseult.* Préf. de G. Paris. Paris, Piazza, s. d., 1 vol. in-18 d. toile.

Nerthal. — *Tristan et Yseult. La passion dans un drame wagnérien.* Paris, Firmin-Didot, 1893, 1 vol. in-18 cart.

239. Vingt-et-une brochures, guides thématiques, etc., sur les opéras de Wagner.

240. **Gosche** (R.). — *R. Wagner's Frau engestalten.* (illust.). Leipzig, Schloemp, 1884 ,1 vol in-fol. toile.

Sachs (Hans). — Deux pièces, deux volumes in-8° cart.

Quatre brochures et découpures de journaux sur R. Wagner.

Maus (O.). — *Souvenirs d'un wagnériste. Le théâtre de Bayreuth.* Bruxelles, Monnom, 1888, 1 vol. iu-fol. br.

241. *Programmes de concerts Wagner au Queens Hall de Londres,* 1 album in-4° percal.

Hubert (J.). — *Etudes sur quelques pages de Richard Wagner.* Paris, Fischbacher, 1895, 1 vol. in-8° cart.

Nyhoff (D.-C.).— *Richard Wagner.* Utrecht, Beyers, 1876, 1 vol. in-8° cart.

Comyns Cair.— *Tristam and Iseult.* London, Duckworth, 1906, 1 vol. in-8° toile.

Beardsley (Aybreu), — *The story of Venus and Tannhaüser,* London, 1907, 1 vol. in-4° cart.

Gauthier-Villars (H.). — *Le cas Nietzsche,* Bruxelles, Schepens, 1898, 1 vol. in-8° cart.

Michotte (E.).— *La visite de Wagner à Rossini.* Bruxelles, Lebègue, 1906, 1 vol. in-8° cart.

Grandmougin (Ch.). — *Esquisse sur Richard Wagner.* Paris, Flaeland, 1 vol. in-8° cart.

242. **Kobbé** (G.).— *How to understand Wagner's Ring of the Nibelung.* London, Reeves, S. d. 1 vol. in-18 carré toile.

Wagner (R.). — *Der Ring des Nibelungen with an english translation by Corder.* Mayence, Schott, 1882, 1 vol. in-18 toile.

Wagner (R.). — Dix brochures cart.

243. **Koenig** (Rose). — *Three impressions of Bayreuth.* London, Reeves, S. d., 1 vol. in-18 toile.

Wagner (R.). — *Parsifal. Livrets et guides thématiques,* huit brochures in-16 cart.

Bernard (E.). — *Le Wagner de « Parsifal ».* Paris, Méricant, 1914, 1 vol. in-18 cart. toile.

Blackburn (V.). — *Bayreuth and Munich.* London, 1899, 1 vol. in-18 cart.

Ehrhard (Aug.). — *Richard Wagner.* Clermont-Ferrand, 1893, 1 vol. in-8° cart.

244. *Deux numéros du Musical Record sur Parsifal* (1882). 2 vol. in-8° cart.

Wagner (R.). — *Parsifal.* Traduction de Judith Gautier. Paris, Colin, 1 vol. in-8° cart. et br.

Hippeau (Edm.). — *Parsifal et l'opéra wagnérien.* Paris, Fischbacher, 1883, 1 vol. in-8° cart.

Bayreuther Blätter, 1re et 2e année, (1878-1879). 2 vol. in-8° percal.

245. **Tiersot** (Julien). — *Etude sur les Maîtres Chanteurs de Nuremberg.* Paris, Fischbacher, 1899, 1 vol. in-8°.

Thomas (Eugen). — *Die Instrumentation der Meistersinger von Nürnberg,* 2e éd., Mannheim, Heckel, 1899, 1 vol. in-8° cart.

Thomas (Eug.). — *Die Instrumentation der Meistersinger von Nürnberg.* Mannheim, Heckel, 1899, 2 vol. in-8° cart.

Poirée (Elie). — *Essais de technique et d'esthétique musicales.* Paris, Fromont, 1898, 1 vol. in-8° cart.

246. **Zarncke** (Fr.). — *Der Graltempel. vorstudie zu einer ausgabe des jüngern Titerel.* Leipzig, Herzel, 1876, 1 vol. in-4° cart.

Ehrhard. — *R. Wagner, d'après Bayreuth.* Clermont-Ferrand, 1893, 1 vol. in-8° cart.

Wagner (R.). — *Parsifal.* traduction de Judith Gautier et Kufferath. (La petite illustration, 3 janvier 1914).

Wagner. — *Parsifal.* Traduction J. Gautier, Paris, Colin, 1893, 1 vol. in-8° cart.

Wagner (R.). — *Die Meistersinger von Nürnberg,* 1 album autographié, in-4° toile.

Tiersot (Julien). — *Etude sur les Maîtres Chanteurs.* Paris, Fischbacher, 1899, 1 vol. in-8° dem. toile.

247. **Wagner** (R.). — *L'anneau du Nibelung et Parsifal,* trad. en prose rythmée, par J. d'Offoel. Paris, Fischbacher, 1895, 1 vol. in-18 cart.

Pochhammer (A.). — *L'anneau du Nibelung de Richard Wagner. Analyse dramatique et musicale.* Paris, Alcan, 1 vol. in-18 cart.

Henderson (W.-J.). — *Préludes and Studies.* London, Longmans, 1891, 1 vol. in-18 toile.

Liszt (F.). — *Lohengrin et Tannhauser* de *Richard Wagner.* 1 vol. in-18 dem. toile.

Schleinitz (A. V.). — *Das Bayreuther Buhnen weekfestspid.* Berlen, 1882, 1 vol. in-18 cart.

Wagner (R.). — *La Tétralogie de l'anneau du Nibelung,* publié par Brenn Gaubast et Barthélémy. Paris, Dentu, 1894, 1 vol. in-18 dem. toile.

248. Péralté (Lotus). — *L'ésotérisme de Parsifal.* Paris, Perrin, 1 vol. in-18 cart.

Soubies (A.). et **Malherbe** (Ch.) — *L'œuvre dramatique de R. Wagner.* Paris, Fischbacher, 1886, 1 vol. in-18 cart.

Péladan (Jos.). — *Le Théâtre complet de Wagner.* Paris Chamuel, 1 vol. in-18 cart.

Appia (Ad.). — *La mise en scène du drame wagnérien.* — Paris, Chailley, 1895, 1 vol in-8° cart.

Kufferath (M.). — *Parsifal. Légende, drame, partition.* Paris, Fischbacher, 1890, 1 vol. in-8° dem. toile.

249. Wagner (R.). — *L'Or du Rhin et Siegfried.* Trad. franç., 2 vol in-18 cart.

Tardieu (Ch.). — *Lettres de Bayreuth. L'anneau de Nibelung.* Bruxelles, Schott, 1883, 1 vol. in-18 cart.

Closson (E.). — *Siegfried de Richard Wagner.* Bruxelles, Lombaerts, 1891, 1 vol. in-18, cart.

L'Anneau du Niebelung. Analyses, guides thématiques, 8 brochures cart.

250. Nerthal. — *L'Anneau du Nibelung. L'Or dans un drame wagnérien.* Paris, Charles, 1 vol. in-16, cart.

Der Ring des Nibelungen. Photographien. Munich, 1876, 1 portefeuille, toile.

Crisenoy (C. de). — *Le Sens intime de la tétralogie de Richard Wagner.* Paris, Peiren, s. d., 1 vol. in-16, d. toile.

Nollée (Jules). — *Chevauchées poétiques.* Paris, Plon, 1889, 1 vol. in-16, br.

Winworth (Freda). — *The epic of sounds. An interpretation of Wagner 's Nibelungen Ring.* London, Simpkin, s. d., 1 vol. in-16, toile.

251. de Morsier (Em.). — *Parsifal de Richard Wagner ou l'idée de la rédemption.* Paris, Fischbacher, 1893, 1 vol. in-18, cart.

Robert (Gustave). — *Philosophie et Drame. Essai d'une explication des drames wagnériens.* Paris, Plon, 1907, 1 vol. in-18, cart.

Soubies (A.) et **Malherbe** (Ch.). — *Mélanges sur Richard Wagner.* Paris, Fischbacher, 1892 1 vol. in-18, d. toile.

Wagner (R.)— *Les Maîtres chanteurs de Nuremberg.* 6 vol. de textes et guides thématiques.

Delpit (A.). — *Les opéras de Wagner : Tannhaueser, Lohengrin, Parsifal.* Paris, Chameul, 1 vol. in-8°, cart.

Nerthal. — *Tannhaueser. La conscience dans un drame wagnérien.* Paris, Fischbacher, 1895, 1 vol. in-18, cart.

252. **Wagner** (R.). — *Parsifal*, traduction H. KEPLEN. Paris, 1914, 1 vol. in-16, cart.

Kufferath (M.). — *La Walkyrie. Siegfried.* Paris, Fischbacher, 3 vol. in-8° et in-18, cart.

Hannon (Théo). — *La Valkirigole*, 1 parodie-éclair, 1 vol. in-8°, cart., s. l. n. d.

Ehrhard (Aug.). — *L'anneau du Nibelung de Richard Wagner.* Clermont-Ferrand, Mont-Louis, 1814, 1 vol. in-8° cart.

Wagner (R.). — *Les maîtres-chanteurs de Nuremberg*, publiés par Brinn Gaubast et Barthélemy. Paris, Dentu, 1896, 1 vol. in-18°, d. toile.

Joly (Ch.). — *Les maîtres-chanteurs de Richard Wagner. Etude historique et analytique.* Paris, Fichbacher, 1898, 1 vol. in-18, d. toile.

Kufferath (M.). — *Les maîtres-chanteurs de Nuremberg.* Paris, Fischbacher, 1898, 1 vol. in-18, d. toile.

253. **Gauthier-Villars** (H.). — *Le cycle Wagner à Munich.* 1 brochure in-8° .

Bayreuther Festblaetter in Wort und Bild, Munich, 1884, 1 album fol. cart.

Von der Lieb. 1 vol. in-4°, cart front.

Schweitzer (Ch.). — *Etude sur la vie et les œuvres de Hans Sachs.* Paris, Berger-Levrault, 1887, 1 vol. in-8°, d. toile.

Cinq numéros de *Die Musik*, sur Wagner.

254. **de La Borde.** — *Essai sur la musique ancienne et moderne.* Paris, Pierres, 1780, 4 vol. in-4°, veau rac.

255. **Gretry.** — *Mémoires ou essais sur la musique.* Paris, Imprimerie de la République, Pluviôse, an V, 3 vol., veau rac.

256. **Gretry.** — *Mémoires ou essais, etc.*, édition bruxelloise, annotée par J. MEES, 3 vol. petit in-16.

257. Six brochures sur la vie et les œuvres de Grétry.

258. **Mercadier de Belesta.** — *Nouveau système de musique théorique et pratique.* Paris, Valade, 1776, 1 vol. in-8°, rel. anc.

259. **Grétry.** — *De la vérité. Ce que nous sommes, ce que nous fûmes, ce que nous devrions être.* Paris chez l'auteur Prairial a IX (1801), 2 vol. rel. de l'époque.

260 et 260*bis*. Grétry (A.-E.-M.). — *Méthode simple pour apprendre à préluder en peu de temps avec toutes les ressources de l'harmonie.* Paris, Imprimerie de la République, an X, 1 vol. in-8°, cart., (2 exemplaires vendus séparément).

261. Marquet (F.-N.). — *Nouvelle méthode facile et curieuse pour connaître le pouls par les notes de musique,* seconde édition. Amsterdam et Paris, Didot, 1769, 1 vol., rel. veau.

262. d'Alembert. — *Elémens de musique théorique et pratique suivant les principes de Rameau.* Lyon, Bruyset, 1772, 1 vol. in-8°, veau rac.

263 et 263*bis*. Rameau. — *Génération harmonique ou traité de musique théorique et pratique.* Paris, Prault, 1727, 1 vol. in-16, veau raciné (2 exemplaires vendus séparément).

264. *Eléments de musique théorique et pratique suivant les principes de M. Rameau.* Paris, David, 1752, 1 vol. in-16, cart., (édition originale).

265. Framery et Guiguené. — *Encyclopédie méthodique. Musique.* Paris, Panckoucke, 1791, 2 vol. in-4°, dem. rel.

266. Rameau. — *Code de musique pratique ou méthodes.* Paris, Imprimerie royale, 1760, 1 vol. in-4°, cart.

267. Eximeno (D. Antonio). — *Dell' origine e delle regole della Musica, dedicata all' Augusta real principessa Maria Antonia Valburga di Baviera.* Roma. Barbiellini, 1774, 1 vol. in-4° toile.

268. Rameau. — *Traité de l'Harmonie réduite à ses principes naturels.* Paris, Ballard, 1722, 1 vol. in-4° veau, (édition originale).

269. Reicha. — *Cours de composition musicale.* Paris, Gambaro, s. d. 1 vol. in-fol. dem. rel.

Logier (Jean-Bernard). — *Nouveau système d'enseignement musical ou traité de composition.* Paris, Schelinger, s. d., 1 vol. in-4° vélin.

270. Langlé (A.-F.-M.). — *Traité de la basse sous le chant précédé de toutes les règles de la composition.*

272. Boutmy (L.). — *Principes généraux de musique.* Bruxelles, Rémy, 1823, 1 vol. in-4° obl.

273. Cherubin. — *Théorie des Contrapunktes und der Fuge.* Leipzig, Kestner, s. d., 1 vol. in-4° dem. rel.

274. Atois (Emm.). — *Forster's practische Beyspiele als fortsetzung zie seine anleiting des generalbasse.* 1 vol. in-4° obl. br.

275. Renaroli. — *Cours complet d'harmonie et de haute composition.* Paris, Launo, s. d., 1 vol. in-4° dem. rel.

276. Panseron (A.). — *Traité de l'Harmonie pratique.* Paris, Brandus, 1855, 1 vol. in-fol. dem. vel.

277. Samuel (Ad.). — *Cours d'Harmonie pratique.* Bruxelles, Schott, s. d., 1 vol. in-8° dem. rel.

Meester. — *Vollstandige Harmonie und generalbasslehre.* Weimar, 1852, 1 vol. in-4° dem. rel.

278. Kufferath (F.). — *Ecole pratique du choral.* Bruxelles, Schott, s. d., 1 vol. in-8° dem. rel.

---

279. Fétis. — *Méthode élémentaire et abrégée d'harmonie et d'accompagnement.* Paris, Petit, 1 vol. in-4° dem. rel.

---

280. Fétis. — *Méthode élémentaire et abrégée d'harmonie et d'accompagnement,* 1 vol. in-8° cart. et catal : Traité d'harmonie du Conservatoire. Paris, Heugel, s. d., 1 vol. in-8° dem. rel.

---

281. Fétis. (F.-J.) — *Traité complet d'harmonie.* 4e édit. Paris, Brandus, 1849, 1 vol. in-8° rel.

---

282. Choron (A.). — *Principes de composition des écoles d'Italie.* Paris, Le Duc, 3 vol. in-fol. dos veau.

283. *Die Musik.* Berlin, Schuster und Loeffler, 18 numéros spéciaux, in-4° cart.

284. Catel. — *Traité d'harmonie.* Paris. An X. 1 vol. in-fol. cart.
Colet (H.-R.). — *Traité d'harmonie.* Paris, Legoux, s. d., 1 vol. in-fol. cart.

285. Bazin (François). — *Cours d'harmonie théorique et pratique.* 2e édit. Paris, Escudier, 1857, 1 vol. in-4° dem. rel.

Hugounec (J.). — *Cours complet d'harmonie.* Paris, Enoch, 1890-95, 2 vol. in-4° br.

286. *Musikalische kunstwerke im strengen-style von Bach und andern Meister.* Zurich, Haus G. Nageli, s. d., 1 vol. in-4° obl. dem. rel.

287. Fétis. — *Traité d'accompagnements de la partition sur le piano ou l'orgue.* Paris, Schlesinger, 1 vol. in-fol. cart.

Hauff (J.-C.). — *Das studium des einjachen contrapunktes.* Francfurt, Winter, 1868, 1 vol. in-fol. cart.

288. Casamorata (L.-F.). — *Mannale di Armonia.* Firenze, Claudiana, 1876, 1 vol. in-8° br.

Richter (E. Friedrich). — *Traité complet de contrepoint.* Bruxelles, Breitkopff, 1892, 1 vol. in-8° cart.

Vivier (A.-J.). — *Traité d'harmonie.* Bruxelles, Katto, 1862, 1 vol. in-8° dem. rel.

289. *Les maîtres de la musique. Pirro, J.S-. Bach, d'Indy, César Franck, Bellaigne, Mendelssohn.* Paris, Alcan, 3 vol. in-16 cart

290. *Les maîtres de la musique.* **Cucuel:** *Les créateurs de l'opéra français;* **Lichtenberger:** *Wagner.* Paris, Alcan, 2 vol. in-16 dem. perc.

291. *Les maîtres de la musique.* **Brenet:** *Haydn;* **R. Rolland:** *Haendel;* **Tiersot:** *J.-J. Rousseau.* Paris, Alcan, 3 vol. in-16 (dont 1 br.) dem. toile.

292. *Les maîtres de la musique.* **Chantavoine:** *Beethoven;* **De la Laurencie:** *Lully;* **Calvocoressi:** *Moussorgsky;* **Landormy:** *Brahms;* Paris, Alcan, 4 vol. in-16 cart.

293. *Les maîtres de la musique.* **Aubry:** *Trouvères et Troubadours;* **Brenet:** *Palestuna;* **Tiersot:** *Un demi-siècle de musique française* (1870-1817). Paris, Alcan, 3 vol. in-16 cart.

294. *Les musiciens célèbres.* **Prod'homme,** *Paganini,* **Dauriac,** *Rossini,* **Bellaigue,** *Verdi,* **de Curson,** *Meyerbeer,* **Calvocoressi,** *Fr. Liszt.* Paris, Laurens, 5 vol. in-8° toile.

295. *Les musiciens célèbres. La musique des Troubadours, par* **J. Beck, d'Udine,** *Gluck,* **Bellaigne,** *Mozart,* **Calvocoressi;** *Glnika,* **Branconi,** *Félicien David.* Paris, Laurens, 5 vol. in-8° toile.

296. *Les musiciens célèbres.* **Pougin:** *Herold;* *Gauthier-Villars;* *Bizet;* **Coquard:** *Berlioz;* **Malherbe;** *Auber;* **Gatard:** *La musique grégorienne;* **Bourgault-Ducoudrry:** *Schubert.* Paris, Laurens 6 vol. in-8° toile.

297. *Les musiciens célèbres.* **Mauclair,** *Schumann,* **Laloy,** *La musique chinoise;* **de Stocklin;** *Mendelssohn;* **Poirée:** *Chopin,* **Augé de Lassus:** *Boieldieu.* Paris, Laurens, 5 vol. in-8° toile.

298. *Les musiciens célèbres.* **De la Laurencie;** *Rameau;* **Branconi:** *Méhul;* **d'Indy:** *Beethoven;* **Hillemacher,** *Gounod;* **Brenet,** *Haendel.* Paris, Laurens, 5 vol. in-8° toile.

299. *Les musiciens célèbres.* **Pincherle,** *Les violonistes compositeurs et virtuoses;* **de Curzon,** *Grétry,* **Servières,** *Weber.* Paris, Laurens, 2 vol. in-8° toile; 1 vol. in-8° br.

SUR LES INSTRUMENTS DE MUSIQUE & FACTEURS.

300. **Greilsamer** (L.). — *Le vernis de Crémone.* Paris, Lecène, 1908, 1 vol. in-8° cart.

Fly (G.). — *The Varnishes of the italian violin makers of the XVIth, XVIIth and XVIIIth, Centuries and their influence on tone.* London, Stevens, 1904, 1 vol., in-8° toile.

301. **Hart** (Georges). — *Le violon, les luthiers célèbres et leurs initiateurs*, Paris, Schott, 1886, 1 vol. in-4° perc.

Hill (W.-H.), — *Ant. Stradivarius*. Londres, 1907, 1 vol. in-4° grav. perc.

302. **Petherick** (H.). — *Joseph Guarnerius*. London, 1906, 1 vol. in-16 toile.

Petherick (H.). — *Antonio Stradivari*, London, 1900, 1 vol. in-16 toile.

303. **Folegatti** (Erc.). — *Storia del violono e dell'archetto*. Bologna, Garagnani, 1873, 1 vol. in-16, cart.

Pierrard (Louis). — *Le violon*. Gand, 1902, 1 vol. in-8° cart.

Prince Youssoupoff. — *Essai sur l'histoire du violon*. Francfort, Jügel, 1 vol. in-8° cart.

V. Wasielewski (J.-W.). — *Die violine*. Berlin, s. d., 1 vol. in-8° cart.

Contagne (H.). — *Gaspard Duiffoproucart et les luthiers lyonnais*. Paris, Fischbacher, 1893, 1 viol. in-4° cart.

Van der Straeten et Snoeck. — *Les Willems*. Gand, 1896, 1 vol. in-4° cart.

304. **Phipson** (T.-L.). — *Voice and violin*. London, Chatto, 1898, 1 vol. in-16 toile.

Phipson (T.-L.). — *Confessions of a violinist*. London, Chatto, 1902, 1 vol. in-16 toile.

Phipson (T.-L.). — *Famous violinist and fine violins*. London, Chatto, 1896, 1 vol. in-16 toile.

305. **Quantz** (J.-J.). — *Grondig onderwijs van den aardt en de regte behandeling der dwarsfluit*. Amsterdam, Olofsen, s. d. 1 vol. in-4° veau raciné.

306. Huit brochures sur la trompette.

307. **Grillet** (Laurent). — *Les ancêtres du violon et du violoncelle*. Paris, Schmid, 1901, deux tomes, 1 vol. d. toile.

308. **Clarke** (A. Mason). — *The violin and old violin makers*. Londres, Reeves, s. d. 1 vol. in-16 toile.

Haweis (H.-R.). — *Old violins*. Edimbourg, Grant, 1905, 1 vol. in-16 toile.

Sandys (W.). et **Forster** (S.-A,). — *The History of the violin*. Londres, Russell Smith, 1864, 1 vol. in-8° toile.

309. **Tolbeique** (A.). — *Notice historique sur les instruments à cordes et à archet*. Paris, Bernardel, 1898, 1 vol. in-4° cart.

De Wit (Paul). — *Geigenzettel atter meister*. Leipzig, De Wit, 1902, 1 vol. in-4° cart.

310. **Delezenne** (M.). — *Expériences et observations sur les cordes des instruments à archets*. Lille, Danel, 1853, 1 vol. in-16 cart.

Passagni (Leandro). — *Il violino*. Milan, Pigna, a vol. in-16 cart.

Fissore (R.). — *Les maîtres luthiers*. Paris, Dupuich, s. d. 1 vol. in-8° cart.

Dupuich (R.). — *La cote du violon*. Paris, Fissore, 1894, 1 vol. in-8° cart.

Grossmann (Max). — *Die Theorie der harmonischen abstemmung der resonanzplatten bei der geige und die hauptsächluhsten einwande dagegen*. Berlin, 1907, 1 vol. in-8° cart.

311. **Dubourg** (Georges). — *The violin*. Londres, Cocks, 1852, 1 vol. in-8° cart.

Stoeving (Paul). — *The story of the violin*. Londres, Scott, 1904, 1 vol. in-18 toile.

312. **Stoeving**. — *The Story of the violin*. London, 1904, 1 vol. in-18 toile.

Hepworth (William). —*Information for players, owners, dealers and makers of bow instruments*, Londres, Reeves, s. d., 1 vol. in-12 toile.

313. **Stoeving** (Paul). — *The art of violin-bowing*. Londres, Vincent Music Company, 1 vol. in-32 toile.

Schubert (F.-L.). — *Die violine*. Leipzig, Meiseburger, 1882, 1 vol. in-32 cart.

314. **Reuchsel** (Maurice). — *L'école classique du violon*. Paris, Fischbacher, 1906, 1 vol. in-8° cart.

Sauzay (Eug.). — *Le violon harmonique*. Paris, Firmin Didot, 1889, 1 vol. in-8° cart.

Clerjot (Maurice). — *L'art du violon*. Paris, Rouhier, s. d. 1 vol. in-8° cart.

315. **Mozart** (Léopold). — *Grondig onderwys in het behandelen der viool*. Haarlem, Enschede, 1766, 1 vol. in-4° cart., rare.

316. Cinq brochures varias sur les violons et les violonistes, 5 vol. in-8° cart.

de Briqueville (Eug.). — *La Viole d'amour*. Paris, Fischbacher, 1908, 1 vol. in-8° cart.

Reuchsel (Maurice). — *Un violoniste en voyage*. Paris, Fischbacher, 1907, 1 vol. in-8° cart.

Regli (Francesco). — *Storia del violino in Piemonte*. Turin, Dalmazzo, 1863, 1 vol. in-8° cart.

317. Neuf brochures varia sur les carillons et les carillonneurs.

318. **Fourdin** (Em.). — *La tour et le carillon de Saint-Julien à Ath*. Mons, 1867, 1 vol. in-8° cart.

Vanderstraeten (Edm.). — *Notire sur les carillonneurs d'Audenaerde.* S. L. s. d., 1 vol. in-4° perc. (avec notes manuscrites). *Musiques pour carillon.*, 2 br. in-4° br.

319. **Van Doorslaer** (G.). — *Le carillon et les carillonneurs de la tour Saint-Rombaut à Malines.* Malines, Godenne, 1893, 1 vol. in-8° cart.

Van Elewyck (X.). — *Matthias van den Gheyn.* Paris, Lethielleux, 1862, 1 vol. in-8° cart.

Van Doorslaer (G.). — *Les carillons et les carillonneurs à Malines.* Malines, Godenne, 1896, 1 vol. in-8° cart.

320. **Morillot** (Abbé L.). — *Etude sur l'emploi des clochettes chez les anciens, etc.* Dijon, Damongeot, 1888, 1 vol. in-8° cart.

Donnet (F.). — *Les cloches d'Anvers.* Anvers. De Backer, 1899, 1 vol. in-8° cart.

321. **Blavignac** (J.-D.) — *La Cloche.* Genève, Grosset, 1877, 1 vol. in-4° toile.

Golenvaux (F.). — *Cloches et carillons.* Namur, Douxfils, 1896, 1 vol. in-8° cart.

322. **Engel** (Carl.). — *Musical instruments.* London, Wyman, 1908, 1 vol. in-16 toile.

Pierre (Constant). — *Les facteurs d'instruments de musique.* Paris, Sayot, 1893, 1 vol. in-16 cart.

Schneider (W.). — *Musicalischen Instrumente.* Leipzig, Hennings, 1834, 1 vol. in-16, demi-rel.

323. **De la Fage** (A.). — *Quinze visites musicales à l'Exposition universelle de* 1855. Paris, Tardif, 1856, 1 vol in-8° cart.

Pierre (C.). — *Les Facteurs d'instruments de musique.* Paris, 1893, 1 vol. cart.

Pillaut (L.). — *Instruments et Musiciens.* Paris, Charpentier, 1880, 1 vol. in-16 cart.

Fleury (Ed.). — *Les Instruments de musique sur les monuments du Moyen Age du département de l'Aisne.* Laon, 1882, 1 vol. in-8° cart.

324. **De Bricqueville** (Eug.).— *Les Anciens Instruments de musique.* Paris, s. d. ,1 vol. in-4° cart.

Closson (E.). — *L'instrument de musique comme document ethnographique.* Bruxelles, Lombaerts, 1908, 1 vol. in-16 cart.

Galllay (J.). — *Un inventaire sous la Terreur.* Paris, Chamerot, 1890, 1 vol. in-4° perc.

325. **Galpin** (F.-W.). — *Old englisch instruments of music.* London, Methuen, s. d. 1 vol. in-8° toile.

Pierre (C.). — *Les facteurs d'instruments de musique,* 1893, 1 vol. demi-rel.

326. **Blanchini** (Fr.). — *De tribus generibus instrumentorum.* Rome, Bernabo et Lazzarini, 1742, 1 vol. in-4° cart.

---

327. *Anciens musical instruments*, 1 vol. in-4° dos vélin.

---

328. *Instruction du Comité historique des arts et monuments*, 1 vol. in-4° cart.

Andries (J.). — *Aperçu théorique sur tous les instruments de musique actuellement en usage.* Gand, Gevaert, 1856, 1 vol. in-8° cart.

Jacquot (Albert). — *Dictionnaire des instruments de musique.* Paris, Fischbacher, 1886, 1 vol. 8° d. rel.

329. **Comettant** (Oscar). — *La musique, les musiciens et les instruments de musique.* Paris, Lévy, 1869, 1 vol. petit in-4°, pl. toile.

330. **Pontécoulant** (comte de). — *Organographie.* Paris, Castel, 1861, 1 vol. in-8° (2 tomes)), perc.

330*bis*. **Praetorius** (M.). — *De organographie.* 1re édit. moderne, 1 vol. gr. in-8° ,2 vol.

331. *Encyclopédie méthodique de d'Alembert et Diderot.* T. IV. Instruments de musique et lutherie, 1 vol. in-4° cart.

Encyclopédie méthodique. Paris, Panekoucke, 1785, 1 vol. in-4° cart.

332. Vingt brochures sur l'orgue et les facteurs d'orgue.

Hess (J.). — *Korte schets van de allereerste uitvinding en verdere voortgang in het vervaardigen der orgelen.* Te Gouda, 1810, 1 br. in-8° cart.

333. **Stainier** (John). — *The organ.* London Novello s. d., 1 vol. in-4° cart.

Couwenbergh (H.-V.). — *L'orgue ancien et moderne.* Lierre, s. d., 1 vol. gr. in-8° cart.

Grégoir (E.d-G.-J.). — *Histoire de l'orgue.* Bruxelles, Schott, 1865, 1 vol. in-8° perc.

334. **Lamazon** (Abbé). — *Etude sur l'orgue monumentale de Saint Sulpice.* Paris, Repos, s. d., 1 vol. gr. in-8° cart.

Philbert (C.-M.). *L'orgue du palais de l'industrie d'Amsterdam.* Amsterdam, Binger, 1876, 1 vol. in-4° dem. perc.

Pleg (H.-J.).— *La facture moderne étudiée à l'orgue de St Eustache.* Lyon, Perrin, 1880, 1 vol. in-4° cart.

335. **Hess** (Joachim). — *Dispositiën van kerk-orgelen welke in Nederland worden aangetroffen.* Amsterdam, Muller, 1906, 1 vol. in-8° cart.

de Rillé (Laurent). — *L'orgue de Cavalier.* Paris, Fischbacher, 1902, 1 vol. in-16 cart.
Onze brochures de Cavaillé Coll ou sur Cavaillé-Coll.

336. **Hall** (*King*). — *The harmonium.* London, Novello, s. d., 1 vol. in-4° cart.
Williams (C.-F.-A.). *The story of the organ.* London, 1903, 1 vol. in-16 perc.

337. *Instruments de musique.* Sept brochures cart.

333*a* **Kircher** (Ath). — *Musurgia universalis.* Romae Corbelletti, 1650, 2 vol. in-fol. (reliure ancienne) (rare).

337*b*. **Hipkins** (A.-J.). — *Musical Instruments.* Edimbourgh, Black, 1888, 1 vol. gr. in-fol. rel. amateur. Ouvrage illustré de 50 planches en couleurs, non réimprimé, tiré à 1,040 ex.

337*c*. **Kircher** (Ath). — *Phonurgia nova.* Campidonae, Dreheer, 1673, 1 vol in-fol. pl. cuir (Kempten).

337*d*. *An illustrated catalogue of the music loan exhibition,* 1904. London, Novello, 1909, 1 vol. in-fol. dem. rel.

337*e*. **De Bricqueville.** — *Les musettes.* Paris, Cerf, 1894, 1 vol. in-16 cart.
Vincent (J.). — *Nos oiseaux.* Bruxelles, Balat, 1898, 1 vol. in-8° dos toile.
Mathews (F. Schuyler). — *Field book of wild birds and their music.* London, Putnam, 1904, 1 vol. in-8° pecr.
Lapaire (H.). — *Vielles et cornemuses.* Hl. Moulines, 1901, 1 vol. in-8° cart.
Kastner (G.). — *Méthode de timbales.* Paris, Schlesinger, s. d., 1 vol. in-4° cart.
de Bricqueville (E.). — *Notice sur la vielle.* Paris, Fischbacher, 1911, 1 vol. in-8° cart.
Instructions for playing the bagpipe. London, Preston, s. d., 1 vol in-8° obl. dem. rel.

337*f*. **Snoeck.** — *Catalogue de la collection d'instruments de musique anciens ou curieux.* Gand, Vuylsteke, 1894, 1 vol. in-8° cart.
Pierre (Constant). — *Le magasin de musique.* Paris, Fischbacher, 1895, 1 vol. in-8° cart.
Gli strumenti musicali nel museo del conservatorio di Milano. Milan, Hœpli, s. d., 1 vol. in-8° cart.
Chouquet (Gustave). — *Le musée du Conservatoire de musique avec suppl. de Pillaut.* 1 vol. in-8° et 3 vol. in-16 cart.

337*f*. **Gouellain** (G.). — *La céramique musicale au Trocadéro et ailleurs.* Paris, Simon, 1878, 1 vol. in-16 toile.

De la Borderie (Art.). — *La cheminée monumentale du musée de Vitré.* Vitré, 1895, 1 vol. in-8° cart.

Ris-Paquot. — *La céramique musicale et instrumentale.* Paris, Lévy, 1889, 1 vol. gr. in-4° cart.

Perlen aus der instrumenten-Sammelung von Paul de Wit, in Leipzig, 1892, 1 vol. in-4° obl. perc.

338. Comettant (Oscar). — *Histoire de cent mille pianos et d'une salle de concert.* Paris, Fischbacher, 1890, 1 vol. in-16 cart.

J.-B.-C. — *Conversion du pianiste Hermann.* Paris, Sagnier, 1854, 1 vol. in-32 cart.

Michel (H.). — *La sonate pour clavier avant Beethoven.* Amiens, 1907, 1 vol. in-8° cart.

339. d'Urclé (F.-L.). — *De l'anatomie de la main considérée dans ses rapports avec l'exécution de la musique instrumentale.* S. L. s. d., 1 vol. in-8° cart.

Rapin (E.). — *Histoire du pianos et des pianistes.* Paris, Bertout, 1904, 1 vol. in-8° dem. toile.

340. Brinsmead (Edgar). — *The history of the pianoforte.* London, Cassell, s. d., 1 vol. in-16 perc.

Shedlock (J.-S.). — *The pianoforte sonata.* London. Methuen, 1895, 1 vol. in-16 toile.

341. Bie (O.). — *History of the pianoforte, translated by kellett et et Naylor.* London, Dent, 1899, 1 vol. in-8° toile.

Dolge (Alf.). — *Pianos and their makers.* Covina (California), 1911, 1 vol. in-4° toile.

342. Marmontel (A.). — *Histoire du piano et de ses origines.* Paris, Heugel, 1885, 1 vol. in-16 cart.

Selva (Blanche). — *Quelques mots sur la sonate.* Paris, Delaplane, 1914, 1 vol. in-12 br.

Selva (Blanche). — *La Sonate.* Paris, Rouart, s. d. 1 vol. in-8° br.

343. Fourneaux (N.). — *Traité théorique et pratique de l'accord des instruments à son fixe.* Paris, Repos, 1 vol. in-8° drl.

Jaell (Marie). — *Le mécanisme de touches.* Paris, Colin, 1897, 1 vol. in-8° cart.

Montal (C.). — *L'art accorder son piano soi-même.* Paris, Meissonier, 1838, 1 vol. in-16 perc.

344. Romeu (J.). — *L'art du pianiste.* Paris, Hetzel, s. d., 1 vol. in-16 cart.

Johnstone (J.-A.). — *Touch, phrasing and interprétation.* London, Reeves, sd., 1 vol. in-16 perc.

Schumann (R.). — *L'art du piano. Conseils. Traduits de l'allemand par Franz Liszt.* Paris, Durand, s. d., 1 vol. in-32 cart.

345. **Beeringen** (Oscar). — *Fifty years experience of pianoforte teaching and playing.* London, Bosworth, 1907, 1 vol. in-16 cart.

Marmontel (A.). — *Vade Mecum du professeur de piano.* Paris, Heugel, s. d., 1 vol. in-16 cart.

Marmontel (A.). — *Conseils d'un professeur sur l'enseignement technique.* Paris, Heugel, s. d., 1 vol. in-16 cart.

346. **Engel** (Carl.) — *The pianist's hand-book, a guide for the right comprehension and performance of one best pianoforte music.* London, Hope, 1853, 1 vol. in-8° perc.

Parent (H.). — *L'étude du piano.* Paris, Hachette, 1878, 1 vol. in-16 cart.

Webbe (W.-H.). — *The pianist's A. B. C. primer and guide.* Manchester, s. d., 1 vol. in-8° dem. rel.

347. **Hipkins** (A.-J.). — *A discription and history of the pianoforte.* London, Novello, 1 vol. in-8° cart.

Saint-Lambert. — *Nouveau traité de l'accompagnement du clavier, de l'orgue et des autres instruments.* Amsterdam, Roger, s. d., 1 vol. in-16 dos veau. Suivi de **Bovin** : *Traité abrégé de l'accompagnement.*

Pagneire (L.). — *De la mauvaise influence du piano sur l'art musical.* Paris, Dentre, 1885, 1 vol., in-8° dos toile.

348. **Hess** (Joachim). — *Korte en eenvondige handleyding tot het Leeren van 't clavecimbel of orgel-spel.* Gouda. J. Vander Klos, 1771, 1 vol. in-8° cart.

Six brochures sur le piano.

Lussy (M.). — *Exercices de mécanisme à écrire, etc.* Paris, Heugel, 1878, 1 vol. in-4° cart.

349. **Selva** (Blanche). — *Quelques mots sur la sonate.* Paris, Delaplane, 1914, 1 vol. in-16 cart.

Van den Borren (Ch.). — *Les origines de la musique de clavier en Angleterre.* Bruxelles, 1912, 1 vol. in-8° dos toile.

Hipkins. — *A description of the Pianoforte.* London, Novello, 1896, 1 vol. in-16 cart.

350. *Compleat Tutor fot the harpsichord or spinnet.* London, Welcher, s. d., 1 vol. in-8° cart.

Gasparini (Fr.). — *L'armonico pratico al cimbalo.* Venezia, Bortoli, 1745, 1 vol. in-4° cart.

351. **Dannreuther** (Edw.). — *Musical ornementation.* London, Novello, s. d., 1 vol. in-4° cart.

Paul (Oscar). — *Geschichte des claviers.* Leipzig, Payne, 1 vol., in-8° drl.

352. **Jacquot** (A.). — *La lutherie lorraine française.* Préface de Massenet, Paris, Fischbacher, 1912, 1 vol. in-4°, dos toile, couv. ex. n° 111. Tirage à 450 ex. sur vélin (en outre 50 sur Japon).

353. **Tolbecque** (A.). — *L'art du luthier.* Niort, chez l'auteur, 1903, 1 vol. in-fol. d. toile.

---

354. **Vidal** (Antoine). — *Les instruments à archet avec gravures* par Frederic Hillemacher (à l'eau forte). Paris, Claye, 1876-1878, 3 vol. gr. in-4° demi perc. (Superbe ouvrage, très rare). (Les couvertures manquent) comme dans tous les exemplaires reliés par l'éditeur.

---

355. **Bachmann** (Alb.). — *Le violon,* avec préface par H. Gauthier-Villiers (Willy). Paris, Fischbacher, 1906, 1 vol. gr. in-8° demi-toile.

356. **Thoinau** (Fr.). — *Maugars, célèbre joueur de viole.* Paris, Claudin, 1865, 1 vol. in-8° cart. (un des 100 exemplaires).

Balfour (H.). — *The natural history of musical bow.* Oxford, Clarendon pner. 1899, 1 vol. in-8° cart.

Broadhouse (J.). — *The violin its construction pratically treated.* London, Reeves, s. d., 1 vol. in-8° toile.

Davidson (P.).— *The violin : its construction.* London, Pitmann, 1881, 1 vol. in-16, toile.

Hasluck (P.-N.). — *Violins and other stinged instruments.* London, Cassell, 1906, 1 vol. in-12, perc.

357. **Mangin** et **Maigne.** — *Nouveau manuel complet de Luthier.* Paris, Encyclopédie Roret, 1894, 1 vol. in-16 dem. perc.

Otto (J.-A.). — *A treatise on the violin* (seconde édition). London, Cocks, 1860, 1 vol. in-8° toile.

Otto (J.-A.). — *A treatise on the violin.* London, Reeves, s. d., 1 vol. in-12 perc.

358. **Common** (A.-F.). — *How to repair violins and other musical instruments.* London, Reeves, 1 vol. in-16 toile.

Apian-Bennewitz (P.-O.). — *Die geize der geigenbau and die Bogenfertigung.* Weimar, Voigt, 1892, 1 vol. in-8°, cart + 1 atlas fol. cart.

359. **Gallay** (J.). — *Les luthiers italiens.* Paris, Académie des bibliophiles, 1869, 1 vol. in-16 cart.

Miggé (Otto.) — *Le secret des célèbres luthiers italiens.* Francfort, Staudt, 1 vol. in-8° cart.

Gallay (Jules). — *Les instruments des écoles italiennes.* Paris, Cand et Bernardel, 1872, 1 vol. in-16 cart.

Schebeck (Dr Edm.). — *Violin manufacture in Italy, translated by W. Lawson.* London, Reeves, 1877, 1 vol. in-16 drl.

Greilsamer (Lucien). — *L'hygiène du violon, de l'alto et du violoncelle.* Paris, Delagrave, 1 vol. in-16 cart.

Bagatella (Ant.). — *Regole per la costruzione de violine, viole, violoncelli e violoni.* Padova, 1786, 1 vol. in-8° cart.

360. **Phipson** (T.-L.). — *Farmous violinists and fine violines.* London, 1896, 1 vol. in-16 toile.

Lahée (H.-C.). — *Famous violinists of to day and yesterday.* Boston, Paye, 1899, 1 vol. in-16 toile.

von Pittersdorf (*H.*). — *Autobiography.* London, Bentley, 1896, 1 vol. in-16 perc.

361. **Mereaux** (Am.). — *Histoire du clavecin.* Paris, Heugel, s. d., 1 vol. in-fol. pll. cart.

361*a*. **Gouget** (Em.). — *Histoire musicale de la main.* Paris, Fischbacher, 1898, 1 vol. in-16 cart.

361*b*. *Clavecins, pianos, etc.* Quatre brochures in-8° cart.

362. **Liszt** (F.). — *Thematisches verzeichniss der werke.* Leipzig, Breitkopf, s. d., 1 vol. in-4° cart.

Thematisches Verzeichniss der Werke von F. Liszt. Leipzig, 1885, 1 vol. gr. in-8° drl.

363. **Bonanni.** — *Description des instruments armoniques en tout genre,* avec planches gravées, seconde édition (en français et italien). Rome, Monaldini, 1776, 1 vol. in-4° (reliure ancienne italienne).

• 364. **de Reij-Pailhade** (Em.). — *Essai sur la musique et l'expression musicale.* Paris, Fischbacher, 1911, 1 vol. in-8° cart.

365. **Van Blanckenbrugh** (G.). — *Onderwyzinge op de handt fluyt.* Amsterdam, 1654, 1 vol. in-8° obl. cart.

Pierre (Const.). — *Notes d'un musicien sur les instruments à souffle humain.* Paris, 1890, 1 vol. gr. in-8° cart.

366. **Broadhouse** (J.). — *The violin, its construction practically treated.* London, Reeves, 1 vol. in-16 toile.

Hasluck (P.-N.). — *Violins and other stringed instruments : how to make them.* London, Cassell, 1906, 1 vol. in-12 toile.

von Wasielewski (J.-W.). — *Die violine im XVII Jahrhundert, und die Anfange der Instrumental composition.* Bonn, 1874, 1 vol. in-16 cart.

Otto (J.-A.). — *A treatise on the structure and préservation of the violin.* London, Reeves, s. d., 1 vol. in-16 perc.

Huneken (J.). — *Merzotrints in modern music.* London, Reeves, s. d., 1 vol. in-8° toile.

367. **Van Hasselt** (Ernestine-André). — *L'anatomie des instruments de musique.* Bruxelles, Balat, 1899, 1 vol. in-16 cart.

Brinsmead (Edgar). — *The history of the pianoforte.* London, Cassell s. d., 1 vol in-16 perc.

Mahillon (V.-Ch.). — *Notes théoriques et pratiques sur la résonance des colonnes d'air dans les tuyaux de la facture instrumentale.* Beaulieu, 1921, 1 vol. in-16 br.

368. Henderson (W.-J.). — *The orchestra and orchestral music.* London, Murray, 1901, 1 vol. in-8° toile.

Daubeny (Ulric). — *Orchestral wind instruments.* London, Reeves, 1 vol. in-8° toile.

369. von Lütgendorff. — *Die geigen-und lautenmacker vom mittelalter bis zur gegenwart.* Frankfurt, Keller, 1904, 1 vol. in-8° dem. perc.

369*b*. Land (J.-P.-N.). — *Het luitboek van Thysius.* Amsterdam, Muller, 1889, 1 vol. in-8° dem. perc.

Brenet (M.). — *Notes sur l'histoire du luth en France.* Turin, Bocca, 1899, 1 vol. in-8° cart.

370. Mahillon (Victor). — *Le matériel sonore des orchestres.* Bruxelles, Mahillon, 1897, 1 vol. in-16 cart.

Lutherie, 31 planches gravées.

371. Van Elewyck (Chevalier). — *Petites remarques musicales.* Bruxelles, Hayez, 1883, 1 vol. in-8° cart.

Sève (Edouard). — *Les fêtes musicales en Allemagne.* Bruxelles, Rozez, s. d., 1 vol. in-18 cart.

de Coussemaker (E.). — *Notice sur un manuscrit musical de la Bibliothèque de St Dié.* Paris, 1859, 1 vol. in-16 cart.

372. Lavoie (H.). — *Histoire de l'instrumentation.* Paris, Firmin-Didot, 1878, 1 vol. in-8° toile.

Prout (Ebeneger). — *Instrumentation.* London, Nivelles, s. d., 1 vol. in-16 cart.

Guiraud (Ern.). — *Traité pratique d'instrumentation.* Paris, Durand, 1 vol. in-8° cart.

Sax (Alph.-junior). — *La musique instrumentale au point de vue de l'hygiène et la création des orchestres féminins.* Paris, 1865, 1 vol. in-16 cart.

373. Gauthier (G.). *Le mécanisme de la composition instrumentale.* Paris, 1845, 1 vol. in-16 cart.

Giraud (J.-F.). — *Le polycorde.* Paris, Le Clerc, 1869, 1 vol. in-16 cart.

373. Croger (T.-R.). — *Notes on conductors and conducting.* Londres, Reeves, s. d., 1 vol. in-16 cart.

Léonard (L.). — *Pour devenir un bon chef.* Bruxelles, Lebègue, 1907, 1 vol, in-32 cart.

Weingartner (Félix). — *Sur l'art de diriger.* Leipzig, Breitkopf et Haertel, 1911, 1 vol. in-16 cart.

375. Kufferath (M.). — *L'art de diriger l'orchestre. Richard Wagner et Hans Richter.* Paris, Fischbacher, 1890, 1 vol. in-8° cart.

Berlioz (Hector). — *Le chef d'orchestre. Théorie de son art.* Paris, Schoenenberger, 1856, 1 vol. in-8°.

Deldevez (E.-M.-E.). — *De l'exécution d'ensemble.* Paris, Firmin-Didot, 1888, 1 vol. in-8° cart.

376. Blitz (Edouard.-E.). — *Quelques considérations sur l'art du chef d'orchestre.* Leipzig, Breitkopf et Haertel, 1887, 1 vol. in-8° cart.

Christophe (Joseph). — *Manuel des connaissances musicales indispensables.* Bruxelles, Vanderghinste, 1876, 1 vol. in-8° cart.

Dubois (Anthony). *Etude sur la direction de l'orchestre.* Angers, Lachèse, 1899, 1 vol. in-8° cart.

377. Sauer (Emil). — *Menie Welt.* Suttgart, Spemann, 1901, 1 vol. in-8° cart.

Mauclair (Cam.). — *Les Héros de l'orchestre.* Paris, Fischbacher, 1919, 1 vol. in-8° broché.

378. V. **Wasielaewski** (W.-J.). — *Geschichte der Instrumentalmusik in XVI jahrhundert.* Berlin, 1887, 1 vol. in-8° demi-rel.

Ergo (Em.). — *Dans les propylées de l'instrumentation.* Bruxelles, Schott., 1908, 1 vol. in-8° cart.

379. Widor (Ch.-M.). — *Technique de l'orchestre moderne.* Bruxelles, Lemoine, 1904, 1 vol. in-8° toile.

380. Coerne (L.-Ad.). — *The évolution of modern orchestration.* New-York, Macmillan, 1908, 1 vol. in-8° toile.

381. Schlesinger (H.). — *Modern orchestral instruments.* London Reeves, 1910, 2 vol. in-8° toile.

382. Croger (T.-R.). — *Notes on conductors and conducting.* London Reeves, s. d., 1 vol. in-16 toile.

Prout (E.b). — *The orchestra.* London, Augener, s. d., 1 vol. in-8° perc.

383. Gevaert (F.-A.). — *Cours méthodique d'orchestration.* Paris' Lemoine, 1890, 1 vol. in-4° demi-rel.

383*bis*. **Berlioz** (H.). — *Grand traité d'instrumentation et d'orchestration modernes.* Paris, Schoennberger, s. d., 1 vol. in-fol cart.

383*b*. de Cous (Salomon). — *Institution harmonique.* Francfort, Norton, 1615, 1 vol. in-fol. (rare), reliure aux armes de Guillaume Marescot, conseiller du Roi.

383*c*. Katsner (G.). — *Cours d'instrumentation.* Paris, s. d., réédition du menestrel, 1 vol. in-fol. demi rel.

383*d*. Kastner (G.). — *Cours d'instrumentation.* Paris, édit. du Bureau central de musique, 1 vol. in-fol. demi-toile.

384. Gevaert (F.-A.). — *Nouveau traité d'instrumentation.* Paris, Lemoine, 1885, 1 vol. in-4° demi-rel.

385. Deldevez (E.-M.-E.). — *L'Art du chef d'orchestre.* Paris, Firmin-Didot, 1878, 1 vol. frg. in-8° deèmi-rel.

386. Gevaert (F.-A.). — *Traité général d'instrumentation.* Gand, Gevaert, 1863, 1 vol. in-4° demi-rel.

387. Strauss (R.). — *Le Traité d'orchestration d'H. Berlioz, commentaires et traduction par* E. Closson. Leipzig, Peters, 1909, 1 vol. in-4° cart.

387*a*. Pauer (E.). — *Musical 'formes.* London, Novello, 1878, 1 vol. in-16 cart.

Stanford (Ch.-V.). — *Musical compositions.* London, Macmillan, 1911, 1 vol. in-16 perc.

Weingartner (F.). — *The symphony writers since Beethoven, from the german.* London, Reeves, s. d., 1 vol. in-16 perc.

Weingartner (F.). — *Symphonie après Beethoven.* Paris, Durand, 1899, 1 vol. in-16 cart.

387*b*. Keiffer. — *Lé quattuor de Viadden.* Arlon, 1866, 1 vol. in-12 demi-rel.

Kilburn (N.). — *The story of chamber-music.* Paris, Walter Scott, publishing, 1904, 1 vol. in-16, toile.

Augé de Lassus (L.). — *La trompette.* — *Un demi-siècle de musique de chambre.* Paris, Delagrave, 1911, 1 vol. gr. in-8° demi-toile.

387*c*. Sauzay (Eug.). — *L'école de l'accompagnement.* Paris, Firmin-Didot, 1869, 1 vol. in-8° cart.

Sauzay (Eug.). —*Haydn, Mozart, Beethoven, étude sur le quatuor.* Paris, 1861, 1 vol. in-8° cart.

Brenet (M.). — *Histoire de la symphonie à orchestres.* Paris, Gauthier-Villars, 1882, 1 vol. in-8° cart.

387*d*. Cremers (E.). — *L'analyse et la composition mélodiques.* Paris, Fischbacher, 1898, 1 vol. in-8° cart.

Devirnés y Spinola and Chalny de Vernevil. — *An original grammar of harmony.* London, Longman, 1851, 2 vol. in-8° toile.

387e. Fétis (F.-J.). — *Manuel des compositeurs, etc.* Paris, Schlesinger, s. d., 1 vol. in-8° demi-rel.

388. Nérée-Desarbres. — *Sept ans à l'Opéra.* Paris, Dendre, 1864, 1 vol. in-16 perc.

de Boigne (Ch.). — *Petits mémoires de l'Opéra.* Paris, Librairie Nouvelle, 1857, 1 vol. in-16 perc.

389. Second (Abbl.). — *Les petits mystères de l'Opéra,* ill. par Gavarni, Paris, Kugelmann, 1844, 1 vol. in-8° demi-rel.

Drack (M.). — *Le théatre de la foire, la comédie italienne et l'opéra-comique.* Paris, Firmin-Didot, 1839, 1 vol in-16 cart.

390. d'Ortigne (Jos.). — *Le balcon de l'Opéra.* Paris, Renduel, 1833, 1 vol. in-8° demi-rel. (avec hommage d'auteur).

Pougin (Arthur). — *Figures d'opéra-comique.* Paris, Tresse, 1875, 1 vol. in-18 cart.

Roullet. — *Récit historique des événements qui se sont passés dans l'administration de l'opéra.* Paris, Poulet-Malassis, 1862, 1 vol. in-32 cart.

391. Six brochures sur les théâtres de Paris, etc.

392. Breithaupt (R.-M.). — *Les fondements de la technique pianistique.* Leipzig, s. d. 1 vol. in-4° obl. cart.

Roques (Jacques). — *Souvenirs de conservatoire.* Paris, Goumin-Ghidone, s. d., 1 vol. in-4° demi-perc.

393. Daffner (H.). — *Salome.* — Munich, Schmidt, 1912, 1 vol. in-4° cart.

394. Le Houx (J.). — *The Vaux-de-Vire.* Londres, Mupray, 1875, 1 vol. in-8° cart.

395. Raphenel (J.). — *Histoire au jour le jour de l'opéra-comique.* Paris, 1878, 1 vol. in-16 cart.

Dubois-Corneau (R.). — *Le comte de Provence à Brunoy* (1774-1791). Paris, Schemit, 1909, a vol. gr. in-4° br.

Favart. — *Acajou, opéra-comique.* S. l., 1748, 1 vol. in-16 cart.

396. Chenevier (P.). — *L'incendie de l'Opéra-Comique de Paris et le Théatre de Sureté.* Paris, Baudry, 1888, 1 vol. in-8° cart.

Huret (Jules). — *Le Théatre national de l'Opéra-Comique.* Paris, 1898, 1 vol. in-4° cart.

Soubies (A.). — *Soixante-neuf ans à l'Opéra-Comique en deux pages.* Paris, Fischbacher, 1894, 1 vol. in-4° cart.

397. Fouque (Octave). — *Histoire du Théatre Ventadour.* Paris, Fischbacher, 1881, 1 vol. in-8° cart.

Pougin (A.). — *Le théâtre à l'exposition universelle de* 1889. Paris, Fischbacher, 1890, 1 vol. in-8° cart.

398. *Isidore Baurel ou les mystères du théatre italien.* Paris, 1884, 1 vol. in-16 cart.

des Essarts. — *Les trois théatres de Paris.* Paris, Lacombe, 1777, 1 vol. in-16 cart.

399. **Wyndham** (Henry Saxe). — *The annals of covent garden theatre.* Londres, Chatto et Windus, 1906, 2 vol. in-8° toile.

400. **von Köchel** (Dr Ludwig). — *Die kaiserliche hof-musikkapelle in Wien.* Vienne, 1869, Holder, 1 vol. in-8° br.

Rudhart (F.-M.). — *Geschichte der oper am Hofe zie Munchen.* Freising, Datterer, 1865, 1 vol. in-8° cart.

Bohn (Emil). — *Festschuft zur Feier des 25 jährigen Besschens des Breslauer orchester-vereins.* Breslau, Hainauer, 1887, 1 vol. in-8° cart.

Subert (Fr. Ad.). — *Das Böhmische National Theater.* Prague, 1892, 1 vol. in-8° cart.

401. **Lacome** (P.). — *Les Etoiles du passé.* Paris, Dupont, 1897, 1 vol. in-16 cart.

Escudier (Léon). — *Mes Souvenirs. Les virtuoses.* Paris, Dentu, 1868, 1 vol. in-16 cart.

Escudier (Marie et Léon). — *Vie et aventures des cantatrices célèbres.* Paris, Dentu, 1856, 1 vol. in-16 cart.

Escudier frères. — *Etudes biographiques sur les chanteurs contemporains.* Paris, Delahays, 1848, 1 vol. in-16 cart.

de Curzon (H.). — *Croquis d'artistes.* Paris, Fischbacher, 1898, 1 vol. in-4° br.

402. **Desarbres** (Nérée). — *Deux siècles à l'opéra.* Paris, Dentu, 1868, 1 vol. in-16 cart.

Jullien (Adolphe). — *L'opera secret au XVIIIe siècle.* Paris, Rouveyre, 1880, 1 vol. in-16 cart.

403. **Gregor** (Ed. G.-J.). — *Les gloires de l'opera et la musique à Paris.* Brux. Schott, 1878, 1 vol. in-8° perc.

404. *Histoire anecdotique de l'opera.* Paris, Tresse, 1875, 3 vol. in-32 cart.

Nuitten (Ch.). — *Le nouvel opéra.* Paris, Hachette, 1875, 1 vol. in-16 cart.

De Lasalle (Albert). — *Les treize salles de l'opéra.* Paris, Sartorius, 1875, 1 vol. in-16 cart.

De Lajarte (Th.). — *Les curiosités de l'opéra.* Paris, Calmann-Lévy, 1883, 1 vol. in-16 cart.

405. *Album de l'opéra.* Paris, Challamel, 1 vol. in-4° cart.

Soubies (Alb.). — *Soixante-sept ans à l'opéra en une page* (1826-1893). Paris, Fischbacher, 1893, 1 vol. in-4° cart.

Académie royale de musique. Compte rendu de la gestion 1840-1846. Paris, Delauchy, 1847, 1 vol. in-4° cart.

Pierre (Constant). — *L'école de chant de l'opéra.* Paris, Tresse, 1895, 1 vol. gr. in-8° cart.

406. **Roger** (Alph.). — *Histoire de l'opéra.* Paris, Bachelin, 1875, 1 vol. in-16 perc.

Touchard-Lafosse (G.). — *Chroniques secrètes et galantes de l'opera.* Paris G. Roux, 1846, 4 vol. in-16 dem. rel.

407. *Album des muses.* Premier cahier. *Terpsichore. Chant scénique,* 10 vignettes. Paris, Verdière, 1818, 1 vol. in-4° cart.

De la pavane au tango. Collections de numéros de « Musica » consacrées aux danses et chansons. Paris, Lafitte, 1 vol. gr. in-fol. cart.

Baldamus. — *Autographa berichmter Tonkünstler.*

408. **de Lajarte** (Théod.). — *Bibliothèque musicale du théâtre de l'Opéra.* Catalogue. Paris, Libr. des Bibliothèques, 1878, 2 vol. in-8° rel. amateur.

Weckerlin (J.-B.). — *Bibliothèque du Conservatoire national de Musique et de Déclamation.* Paris, Firmin-Didot, 1885, 1 vol. in-8° cart.

409. **Van Lamperen.** — *Catalogue de la Bibliothèque du Conservatoire royal de Musique de Bruxelles.* Brux., Poot, 1870, 1 vol, in-4° toile.

Wotquenne (Alf.). — *Catalogue de la Bibliothèque du Conservatoire royal de Musique de Bruxelles.* Bruxelles, 1898-1901, 5 vol. in-4° dem. rel.

409*bis.* *Album des instruments extra-européens du Musée du Conservatoire de Bruxelles,* 1 vol. in-16 de planches, perc.

Mahillon (V.-Ch.). — *Catalogue du Musée instrumental du Conservatoire de Bruxelles.* Gand, Hoste, 1893-1912, 4 vol. in-16 toile.

410. **Dietsch** (J.). — *L'Institut de Musique de Dijon.* Dijon, 1884, 1 vol. in-8° cart.

Conservatoire royal de Bruxelles, 5 brochures.

Conservatoire royal d'Anvers, 8 brochures.

Catalogue de la Bibliothèque de F.-J. Fétis, acquise par l'Etat belge. Bruxelles, Mucquardt, 1 vol. gr. in-8°, toile.

Katalog der musik bibliothek des Herrn J.-B. Weckerlin. Leipzig, Boerner, S. d., 1 vol. in-4° cart.

411. *Library of Congress.* Dramatic Music. Catalogue of full scores. Washington, 1908, 1 vol. in-8° toile.

Douze catalogues de Bibliothèques musicales.

Catalogus der Muziek bibliotheek van D. F. Scheurleer, 's Gravenhage, 1893, 1 vol. ,in-8° toile.

Deakin (Andrew). — *Outlines of musical bibliography.* Birmingham, Deaken, 1 vol. in-8° cart.

Archivio Noseda. Milano, 1 vol. in-4° drl.

Gaspari (Gaetano). — *Catalogo della biblioteca del liceo musicale de Bologna.* Bologne, Romagnoli, 1870-1905, 4 vol. in-8° pl. toile.

412. **Mahillon** (V.-Ch.). — *Catalogue du Musée instrumental du Conservatoire de Bruxelles.* Gand, 1880-86, t. I, t. II, 2 livraison br.

Jadard. — *La Maison des Musiciens de Reims.* Reims, 1905, 1 vol. in-8° cart.

Conservatoires de Liège et Verviers, 2 brochures cart.

Bergmans (C.). — *Le Conservatoire royal de Musique de Gand.* Gand, Beyer, 1900, 1 vol. gr. in-8° cart.

Lefèvre (Emile). — *Pourquoi un conservatoire flamand.* Anvers, Mees, 1880, 1 vol. in-16 d. toile.

Josset (Alfred). — *Conservatoire de l'Avenir.* Nouvelle encyclopédie musicale en dix partie. Paris, Crès, S. d., 1 vol. in-fol. d. toile.

413. *Katalog des Musik historischen museums von. Wilhelm Heyer in Cöln.* Cologne, 1910, 2 vol. in-4° percal.

Pach-katalog der Musikhistorischen absteilung. Vienne, 1892, 1 vol. in-8° d. toile.

Engel (Carl.). — *A descriptive catalogue of the musical instruments in the South Kensington museum.* Londres, Eyre et Spottiswood, 1874, 1 vol. in-8° drl.

Descriptive Catalogue of musical instruments. Londres, Eyre et Spottiswood, 1891, 1 vol. in-4° drl.

Hammerich (Angul). — *Das musikhistorische Museum zei Kopenhagen.* Copenhagüe, 1911, 1 vol in-8° d. toile.

414. *Bilder atlas zur Musikgeschichte von Buch bis Strauss.* Berlin, Kanth. 1 album fol. oblong, toile.

MUSIQUE RELIGIEUSE.

415. **Réty** (Hippolyte). — *Etudes historiques sur le chant religieux.* Paris, Bray et Retaux, 1870, 1 vol. in-16, cart

Chartier (F.-L.). — *L'ancien chapitre de Notre-Dame de Paris et sa maîtrise.* Paris, Perin, 1897, 1 vol. in-16, cart.

de P... (J.). — *Etude sur la musique religieuse depuis l'antiquité jusqu'à nos jours.* Bruxelles, Devaux, 1868, 1 vol. in-16, cart.

416. Guéranger (Dom). — *Sainte Cécile et la Société romaine.* Paris, Firmin-Didot, 1877, 1 vol. in-4° perc.

Antiphonaire de Saint-Grégoire. — *Fac-simile du manuscrit de Saint-Gall.* Bruxelles, Greuse, 1872, 1 vol. in-4° cart.

417. Sterckx (Card.). — *Tractatus de cantu ecclesiastico.* Malines, Dessain, 1864, 1 vol. in-16 cart.

Aubry (Pierre). — *La musique et les musiciens d'église en Normandie au XIII*e *siècle.* Paris, Champion, 1906, 1 vol. pet. in-4° cart.

Celler (Lud.). — *La semaine sainte au Vatican. Etude musicale.* Paris, Hachette, 1867, 1 vol. in-16 cart.

418. Bourgault-Ducoudray (L.). — *Etudes sur la musique ecclésiastique grecque.* Paris, Hachette, 1877, 1 vol. in-8° cart.

Jouve (abbé). — *Du chant liturgique.* Avigon, Séguin, 1854, 1 vol. in-16 cart.

Ranke (Ernst). — *Chorgesänge zum Preis der H. Elisabeth, aus mittelalterlichen antiphonarien.* Leipzig, Breitkopf, 1883, 1 vol. in-8° d. toile.

419. Devine (Rev. A.). — *The ordinary of the mass.* Londres, Washbourne, 1906, 1 vol. in-16 toile.

Fortescue (Adrian). — *The Mass. a study of the roman liturgy.* Londres, Longmans, 1912, 1 vol. in-18 toile.

Patterson (Annie W.). — *The story of oratorio.* London, Scott, 1902, 1 vol. in-16 toile.

420. Janssen (N.-A.). — *Les vrais principes du chant grégorien.* Malines, Hanicq, 1845, 1 vol. in-8° drl.

421. Fetis (F.-J.). — *Méthode élémentaire de Plain-chant.* Paris, Canaux, 1846, 1 vol. in-8° perc.

422. Berta (G.). — *Inni di S. Ambrogio.* Milan, Borroni et Scotti, 1841, 1 vol. in-8° cart.

Cuichard (abbé). — *Essais de nouvelle psalmodie ou faux bourdon à une deux ou trois voix.* Rome, Nyon, 1783, 1 vol. in-16 cart.

423. Misset (abbé E.). et **Aubry** (P.). — *Les proses d'adam de Saint-Victor.* Texte et musique. Paris, Welter, 1900, 1 vol. in-4° perc.

424. *Ils ps lms da David.* SL. Janet, 1733, 1 vol. in-8° reliure ancienne à fermoir.

425. **Beudeker** (Christ). — *De C. L. psalmen des konings en profeets Davids.* Amsterdam, Strouder, 1739, 1 vol. in-8°, Maroc. rouge. (belle reliure ancienne).

426. **Godeau** (Antoine). — *Paraphrase des pseaumes de David.* Paris, P. Le Petit, 1676, 1 vol. in-16 velin.

427. *Le nouveau testament.* Amsterdam, Onder de teiden, 1761, 1 vol. in-12 pl. cuir.

428. *Les Psaumes de David mis en vers francais.* Amsterdam, J. Schreuder, 1756, 1 vol. in-32, Maroc. rouge.

429. **Conrad** (M.). — *Novas canzums spiritualas.* Coira, 1784, 1 vol-in-16 veau rac.

430. **Cataneo** (Fr.). — *Stanfone intorno al lirico stile de'salvic.* Napoli 1778, 1 vol. in-16 dem. rel.

431. *Nouveau recueil de cantiques spirituels.* Liége, B. Collette, s. d., 1 vol. in-12 pl. cuir.

432. **Poisson** (M.). — *Nouvelle méthode pour apprendre le plain-chant.* Rouen, Labbey, 1789, 1 vol. in-16 cart.

433. **Pothier** (Dom-Joseph). — *Les mélodies grégoriennes.* Tournay, Desclée, 1880, 1 vol. in-8° toile.
Janssen (N.-A.). — *Les vrais principes du chant grégorien.* Malines, Hanicq, 1845, 1 vol. gr. in-8° cart.

434. **d'Ortigue** (J.). — *Dictionnaire de plain-chant.* Petit-Montrouge, Migne, 1853, 1 vol. in-4° dem. rel.

435. 14 brochures sur la musique religieuse.

436. **Guillaume** (A.). — *Le saint sacrifice de la messe.* Paris, Beauchesne, 1914, 1 vol. in-16 br.
d'Ortigue (J.). — *La musique à l'église.* Paris, Didier, 1861, 1 vol. in-16 cart.

437. **Girod** (Louis). — *De la musique religieuse.* Namur, Douxfils, 1855, 1 vol. in-8° cart.
De Vroye (T.-J.) et **van Elewyck** (X.). — *De la musique religieuse.* Paris, Lethielleux, 1866, 1 vol. gr. in-8° cart.

438. **Tiron** (Alex). — *Etudes sur la musique grecque.* Paris, Imprimerie Impériale, 1866, 1 vol. in-4° cart.
Aubry (Pierre). — *Recherches sur les « Ténors » français.* Paris, Champion, 1907, 1 vol. in-4° cart.
Artigarum (J.). — *Le rythme des mélodies grégoriennes.* Paris, Picard, 1899, 1 vol. gr. in-8° cart.

439. **Bauwens** (B.-A.). — *Le plein-chant.* Paris, Casterman, 1861, 1 vol. in-16 cart.

Niedermeyer (L.) et **d'Ortigue** (J.). — *Traité du plain-chant.* Paris, Heugel, s. d., 1 vol. gr. in-8° cart.
5 brochures sur le plain-chant.
Principes élémentaires du plain-chant. Bruges, Vanhée-Woute, 1860, 1 vol. in-8° cart.

440. **Houdard** (G.). — *La cantilène romaine.* Paris, Fischbacher, 1905. 1 vol. gr. in-8° cart.

Tinel (Edgar). — *Le chant grégorien.* Malines, Dessain, 1890, 1 vol. in-16 cart. (avec hommage d'auteur).

Houdard (G.). — *Le rythme du chant dit Grégorien.* Paris, Fischbacher, 1989, 1 vol. gr. in-8° cart.

441. 10 brochures sur le chant liturgique.

442. *The family choir.* London, B.-L. Green, s. d. 1 vol. in-16 toile.

Sain d'Arod (P.). — *Le livre choral.* Paris, Palmé, 1885, 1 vol. in-8° cart.

443. **Westphal** (R.). — *Geschichte der alten und mittelalterlichen musik.* Breslau, Leuckart, 1864, 1 vol. in-16 cart.

de Coussemaker (E.). — *Traités inédits sur la musique du Moyen Age.* Lille, 1865, 1 vol. in-4° cart.

Zelle (Fr.). — *Ein feste Brug ist umser Gott.* Berlin, 1895, 1 vol. in-4° cart.

Lavoir (H.-fils). — *La musique dans l'Ymagerie du Moyen Age.* Paris, Pottier, 1 vol. in-4° br.

444. 4 brochures sur la musique religieuse.

445. **Vincent** (A.-J.-H.). — *Sur la tonalité ecclésiastique et la musique du XVe siècle.* Paris, Leleux, 1858, 1 vol. in-8° dem. rel.
La maîtrise, journal des petites maîtrises. Paris, Heugel, 15 mai 1860-15 avril 1861. Avec le congrès pour la restauration du plain-chant et de la musique d'église.

446. **Clément** (Félix). — *Histoire générale de la musique religieuse.* Paris, Le Clère, 1860, 1 vol. gr. in-8° cart.

447. *Revue de la musique religieuse, populaire et classique fondée par F. Danjou.* Paris, 1845-47, 3 vol. in-8° dem. rel.

Meuster (K. Severin). — *Das katholische deutsche kirchenlied in seinen singweizen.* Freiburg im Breisgau, 1862, 2 vol. in-8° cart.

GRANDS OUVRAGES BIOGRAPHIQUES ET DICTIONNAIRES MUSICAUX.

448. **Fétis** (F.-J.). — *Biographie universelle des musiciens*, 2e édition. Paris, Firmin-Didot, 1866-1880, 9 vol. in-8° drl. (avec les deux suppl. de Pougin).

---

440. **Emmanuel** (M.). — *Histoire de la langue musicale*. Paris, Laurens, 1911, 2 tomes en 1 vol. dem. perc.

450. **Rousseau** (J.-J.). — *Dictionnaire de musique*. Paris, Duchesne, 1768, 1 vol. in-8° veau.
de Brossard (Sébastien). — *Dictionnaire de musique*. Amsterdam, Roger, s. d., 1 vol. in-16 drl.

451. **Castil-Blaze**. — *Dictionnaire de musique moderne*. Paris, 1821, 2 vol. pet. in-8° dos veau.
Lichtenthal (P.). — *Dictionnaire de musique*. Paris, Troupenas, 1839, 2 vol. in-8° perc.

452. **Soullier** (Charles). — *Nouveau dictionnaire de musique illustré*. Paris, Bazault, 1855, 1 vol. in-8° drl.
Castil-Blaze. — *Dictionnaire de musique moderne*. Bruxelles, 1828, 1 vol. pet. in-8° dos veau.

453. *Histoire de la musique et de ses effets*. Amsterdam, le Cène, 1725, 4 vol. in-32 veau.

454. **Rousseau** (J.-J.). — *Dictionnaire de musique*. Bruxelles, Lejeune, 1829, 2 vol. in-4° cart.
Rousseau (J.-J.). — *Dictionnaire de musique*. Londres, 1766, 1 vol. in-4° veau.

---

455. *Oxford History of music*. Oxford, Clarendon Bess, 1901-1905, 6 vol. in-8° toile.

---

456. **Grove**. — *Dictionary of music and musicians*. Edited by Maitland, London, Macmillan, 1904-1910. 5 vol. in-8° toile + 1 supplément.

---

457. **Lavignac** (Albert.). — *Encyclopédie de la musique*. Paris, Delagrave, 4 vol. in-4°, rel. amateur.

---

458. **Fétis** (F.-J.). — *Histoire générale de la musique*. Paris, Firmin Didot, 1869-1876, 5 tomes en 3 vol. gr. in-8° dem. perc.

---

459. **de Blainville**. — *Histoire générale, critique et philologique de la musique*. Paris, Pissot, 1767, 1 vol. in-4° veau.

459*bis*. **Hawkins** (John). — *A general history of science and practice of music.* London, Novello, 1875, 2 vol. in-4° toile.

460. **Clément** et **Larousse**. — *Dictionnaire lyrique ou histoire des opéras.* Paris, s. d., 1 vol. in-8° drl.

461. **Clément** et **Larousse**. — *Dictionnaire des opéras.* Revu et mis à jour par Pougin. Paris, Larousse, s. d., 1 vol. in-8° drl.

462. **Kalkbrenner** (C.). — *Histoire de la musique.* Paris, Koenig, 1802, 2 tomes en 1 vol. in-8° per.

Bourdelot. — *Histoire de la musique et de ses effets.* La Haye, 1743, 1 vol. in-12, dem. rel.

Bonnet. — *Histoire de la musique et de ses effets.* Paris, Cochart, 1715, 1 vol. in-12, pl. cuir. (reliure armoriée).

463. **Kastner** (G.). — *Paremiologie musicale de la langue française.* Paris, Brandus, s. d., 1 vol. in-fol. dem. rel.

464. **Landormy** (P.). — *Histoire de la musique.* Paris, Delaplane, 1910, 1 vol. in-16 toile.

Ambros (A.-W.). — *Geschichte der musik.* Breslau, Leuckart, 1862-1868, 3 vol. in-8° dem. perc.

465. **Crowest** (Fred.). — *Dictionary of British musicians.* London, Jarrold, 1895, 1 vol. in-16, cart.

465*bis*. **Grasseneau** (James). — *A musical dictionary.* London, Wilcox, 1740, 1 vol. in-16, veau.

Rougnon (Paul). — *Dictionnaire musical des locutions étrangères.* Paris, Dupont, s. d., 1 vol. in-8° cart.

Wotton (Tom S.). — *A dictionnary of foreign musical terms and handbook of orchestral instruments.* Leipzig, Breitkopf, 1907, 1 vol. in-8° br.

466. **Padelford** (F.-M.). — *Old english musical terms.* Bonn, Hanstein, 1899, 1 vol. in-8° cart.

Stainer et Barrett. — *Dictionary of musical terms.* London, Novello, 1 vol. in-4° toile.

466*bis*. **Tiersot** (J.). — *La musique chez les peuples indigènes de l'Amérique du Nord.* Paris Fischbacher, s. d. 1 vol. in-8° cart.

Sonnech. — *Early secular american music.* Washington, Mc Queen, 1905, 1 vol. in-4° toile.

Fletcher (Al.-C.). — *A study of Omaha indian music.* Cambridge (Moss) 1893, 1 vol. in-8° cart.

466*ter*. **Wallascher** (R.). — *Primitive music.* London, Longmans, 1893, 1 vol. in-8° perc.

Fletcher (Alice). — *A study of Omaka Indian music. Cambridge*, 1893.

467. **Elson** (Louis-C.). — *American music.* New-York, Macmillan, 1904, 1 vol. in-4° toile.

468. **Musik** (Die). — *Amerika Heft.* Berlin, Schuster et Loeffer. 1 vol. in-8° cart.

Sonneck (O.-G.). — *Early Concert-Life in America.* Leipzig, Breitkopf et Haertel, 1907, 1 vol. in-4° broché.

469. **Batka.** — *Die Böhmische musik.* Berlin, Marquardt, s. d., 1 vol. in-18 cart.

Lavoix (H.). — *Histoire de la musique.* Paris, Quantin, s. d., 1 vol. in-8° toile.

Souffret (A.). — *L'Evolution musicale.* Namur, Balon-Vincent, 1899, 1 vol. in-8° cart.

470. **Lavignac** (Albert). — *L'Education musicale.* Paris, Delagrave s. d., 1 vol. in-16 perc.

Vallat (G.). — *Etudes d'histoire, de mœurs et d'art musical.* Paris, Quantin, 1890, 1 vol. in-16, cart.

Andries (Jean). — *Précis de l'histoire de la musique.* Gand, de Busscher, 1862, 1 vol. in-8° cart.

471. **Dickinson** (Edward). — *The growth and Development of music.* Londres, Reeves, 1906, 1 vol. in-8° toile.

Henderson (W.-J.). — *How music developed.* — Londres, Murray, 1899, 1 vol. in-16 toile.

Ein hundert jahre musikgeschichte. Berlin, Schuster, 1902, 1 vol. in-8° cart.

Marcillac (F.). — *Histoire de la musique moderne.* Paris, Sandoz, 1876, 1 vol. in-8° perc.

472. **Collet** (H.). — *Le mysticisme musical espagnol.* Paris Alcan, 1913, 1 vol. in-8° cart.

Soulié (George). — *La musique en Chine.* Paris, Leroux, 1911, 1 vol. in-8° cart.

Chappell. — *History of music,* vol. I *Egypte.* Londres, Chappell, s. d. 1 vol. in 8° toile.

473. **Raymond-Duval** (P.-H.). — *La musique romantique en Allemagne.* Paris, Delagrave, s. d., 1 vol. in-16, toile (avec hommage d'auteur).

de Fage (Adrien). — *Histoire générale de la muisque et de la danse.* Paris, 1844, 2 tomes en 1 vol. in-8° perc.

474. **Collin** (Laure). — *Histoire de la musique et des musiciens.* Paris, Delagrave, 1884, 1 vol. in-16, demi-rel.

Stafford (M.). — *Histoire de la musique traduite par* Adèle Fétis. Paris Paulin, 1832, 1 vol. in-16, cart.

Mauclair (Camille). — *Histoire de la musique européenne.* Paris, Fischbacher, s. d., 1 vol. in-16,

Bellaigue (Camille). — *Les époques de la musique.* Paris, Delagrave, 2 vol. in-16, cart.

475. **Soubies** (Hlb.). — *Histoire de la musique. Bohême.* — Paris, Flammarion, 1898, 1 vol. in-18, cart.

Soubies (Albert). — *Histoire de la musique allemande.* Paris, Quantin, s. d., 1 vol, in-8° toile.

Liszt (Franz). — *Des Bohémiens et de leur musique en Hongrie.* Paris, Librairie Nouvelle, 1859, 1 vol. in-16, cart.

Burney (Dr Ch.). — *La musique dans les cours allemandes en* 1772. Paris, Bonn, s. d., 1 vol. in-32, cart.

d'Harcourt (Eugène). — *La musique actuelle en Allemagne et Autriche-Hongrie.* Paris, Durdelly, s. d., 1 vol. in-16, cart.

Emmanuel (Maurice). — *La musique dans les universités allemandes.* Paris, Chaix, 1898, 1 vol. in-4°, cart.

Hoffmann (B.). — *Kunst und vogelgesang.* Leipzig, Quelle, 1908, 1 vol. in-8° cart.

Chorley (Henry-F.). — *Modern german music.* Londres, Smith et Elder, s. d., 1 vol. in-16, cart.

476. **Soubies** (Alb.). — *Histoire de la Musique.* Portugal. Paris, Flammarion, 1898, 1 vol in-32 cart.

Soubies (Alb.). — *Histoire de la musique.* Espagne. Paris, Flammarion, 1899, 1 vol. in-18 cart.

Maitland (J.-A. Fuller). — *English music in the XIXth Century.* Londres, Grand Richards, 1902, 1 vol. in-16 toile.

de Baur (Mme). — *Histoire de la Musique.* Paris, Audot, 1823, 1 vol. in-16 cart.

477. **Benedictus.** — *Les musiques bizarres à l'exposition.* Paris, Hartmann, 1889, 1 vol. in-16 dem. perc.

Tiesrot (J.). — *Notes d'ethnographie musicale.* Paris. Fischbacher, 1905, 1 vol. in-8° cart.

Tiersot (J.). — *Musiques pittoresques.* Paris, Fischbacher, 1889, 1 vol. in-8° dem. perc.

Gautier (Judith). — *Les musiques bizarres à l'exposition de* 1900. Paris, Enoch, 1900, 1 vol. in-8° dem. perc.

418. **Kiesewetter** (R.-G.). — *History of the modern music of Western Europe.* London, Newby, 1848, 1 vol. in-8° toile.

Van Oordt (A.-M.). — Proeve eener geschiedenis der muzijk. Doesbargh, 1860, 1 vol. in-16 dem. rel.

479. **Streatfield** (R. A.). — *Modern music and musicians.* London, Methuen, 1906, 1 vol. in-8° toile.

Huneker (James). — *Mezzotints in modern music.* London, Reeves, 1 vol. in-16 perc.

480. **Opienski** (T.). — *La musique polonaise.* Grav. Maris, Crès, 1918, 1 vol. in-4° br.

Sowinski (Alb.). — *Les Musiciens polonais et slaves anciens et modernes.* Paris, Le Clerc, 1857, 1 vol. in-4° dem. rel.

481. **Pougin** (A.). — *Essai historique sur la musique en Russie.* Turin, Bocca, 1897, 1 vol. in-8° cart.

Cui (César). — *La musique en Russie.* Paris, Fischbacher, 1880, 1 vol. gr. in-8° cart.

Youssoupoff (N.). — *Histoire de la musique en Russie.* I. La musique sacrée. Paris, Saint-Josse, 1, vol. in-4° cart.

482. **Viardot** (P.). — *Rapport officiel sur la musique en Scandinavie.* Paris, Fischbacher, 1908, 1 vol. in-16 cart.

Soubies (A.). — *Histoire de la musique. Etats scandinaves.* Paris, Flammarion, 1903, 2 vol. in-32 cart.

Bruneau (Alf.). — *Die Russische musik.* Berlin, Marquardt, S. d. 1 vol. in-12 cart.

Soubies (A.). — *Précis de l'histoire de la musique en Russie.* Paris, Fischbacher, 1893, 1 vol. in-32 cart.

Soubies (A.). — *Histoire de la musique en Russie.* Paris, May, 1898, 1 vol. in-8° dem. toile.

Soubies (A.). *Histoire de la musique. Hongrie.* Paris, Flammarion, 1897, 1 vol. in-32 cart.

483. **de Villars** (F.). — *La serva padrona, son apparition, son influence, son analyse,* Paris, Castel, 1863, 1 vol. gr. in-8° cart.

Masutto (Giov.). — *Ricordi et cenni biografici.* S. L. s. d. 1 vol. in-16 dem. rel.

Oldrini (Gaspare). — *Storia musicale di Lodi.* Lodi, 1883, 1 vol. in-16 dem. rel.

Zuliani (G.-P.). — *Roma musicale.* Rome, Botta, 1878, 1 vol. in-16 dem. rel.

484. **Jullien** (Ad.). — *Paris dilettante au commencement du siècle.* Paris, Didot, 1884, 1 vol. in-18 cart., grav.

Séré (Oct.). — *Musiciens français d'aujourd'hui,* Paris. Mercure de France, 1905, 1 vol. in-16 cart.

Mauclair (Camille). — *Histoire de la musique européenne.* Paris, Fischbacher, 1 vol. in-16 br.

Pedrele (F.). — *Pour notre musique.* Barcelone, 1 vol. in-16 cart.

Hermann (Jacques). — *Le drame lyrique en France depuis Glück jusqu'à nos jours.* Paris, Dentu, 1878, 1 vol. in-8° cart.

485. **de Lasalle** (Albert). — *La musique pendant le siège de Paris.* Paris, Lachaud, 1872, 1 vol. in-16 cart., 2 exemplaires.

Chonquet (Gustave). — *Histoire de la musique dramatique en France.* Paris, Didot, 1873, 1 vol. in-8° cart.

486. **d'Ortigue** (J.). — *De l'école musicale italienne.* Paris, 1839, 1 vol. in-8° dem. rel.

Huberti (G.). — *Aperçu sur l'histoire de la musique religieuse des Italiens et des Néerlandais.* Bruxelles, Parent, 1873, 1 br. in-8° cart.

Van Elewyck. — *De l'état actuel de la musique en Italie.* Bruxelles, Rossel, 1875, 1 vol. in-8° cart.

d'Harcourt (Eugène). — *La musique actuelle en Italie.* Paris, Fischbacher, 1906, 1 vol. in-8° cart.

487. **Soubies** (A.). — *Histoire de la musique. Iles britanniques.* Paris, Flammarion, 1906, 2 vol. in-32 cart.

Mallarmé (Stéphane). — *Oxford, Cambridge, la musique et les lettres.* Paris, Perrin, 1895, 1 vol. in-16 cart.

Remo (Félix). — *La musique au pays des brouillards.* Paris, chez l'auteur, 1885, 1 vol, in-16 cart.

Soubies (Albert). — *Histoire de la musique suisse.* Paris, Libr. des Biblioph., 1899, 1 vol. in-32 cart.

Soubies (A.). — *Histoire de la musique. Hollande.* Paris, Flammarion, 1901, 1 vol. in-32 cart. couv.

488. **Robert** (Gustave). — *La musique à Paris,* 1894-1900. Paris, Fischbacher, 5 vol. in-18 cart.

de Lasalle et Thomas. — *La musique à Paris,* Paris, Morizot, S. d. 1 vol. in-16 cart.

489. **Rolland** (Romain). — *Paris als musikstadt.* 1 vol. in-16 cart.

Rostand (Alexis). — *La musique à Marseille.* Paris, Sandoz et Fischbacher, 1874, 1 vol. in-16 cart.

Carlez (Jules). — *La musique à Caen de* 1066 *à* 1848. Caen. Le Blanc-Hardel, 1876, 1 vol. in-8° cart.

Lefebvre (Léon). — *Le concert de Lille.* 1726-1816. Lille, Lefebvre Ducrocq, 1908, 1 vol. in-8° cart.

490. **Jacquot** (Albert). — *La musique en Lorraine.* Paris, Fischbacher, 1886, 1 vol. in-4°, d. toile.

Chuppin (Emma). — *De l'état de la musique en Normandie.* Caen, 1837, 1 vol. in-16 cart.

491. **Bruneau** (Alfred). — *La musique française.* Paris, Fasquelle, 1901, 1 vol. in-16 cart.

Weber (Johannes). — *La situation musicale et l'instruction populaire en France.* Leipzig, Breitkopf et Haertel, 1884, 1 vol. in-16 cart.

Brenet (Michel). — *Les concerts en France sous l'ancien régime.* Paris, Fischbacher, 1900, 1 vol. in-16 cart.

Hellouin (Frédéric). — *Feuillets d'histoire musicale française, 1re série.* Paris, Charles, 1903, 1 vol. in-16 cart.

492. *Geschichte der franz-muzik*, 1 vol. in-16 cart.
Brenet (Michel). — *Musique et musiciens de la vieille France.* Paris, Alcan, 1911, 1 vol. in-16 cart.
Bellaigue (Camille). — *Un siècle de musique française.* Paris, Delagrave, 1887, 1 vol. in-16 cart.
Coquard (Arthur). — *La musique en France depuis Rameau.* Paris, Calmann-Lévy, 1891, 1 vol. in-8° in-18 cart.
Servières (Georges). — *La musique française moderne.* Paris, Havard, 1897, 1 vol. in-18 cart.

493. **Orloff** (Gregoire). — *Essai sur l'histoire de la musique en Italie.* Paris, Dufort, 1822, 1 vol. in-8° dem. rel.
Majer. — *Essai de littérature musicale concernant l'origine les progrès et les révolutions de la musique italienne avec remarques de Rossini.* Ratisbonne, 1829, 1 vol. in-16 cart.
Becker (G.). — *La musique en Suisse.* Paris, Sandoz, 1874, 1 vol. in-16 dem. rel.

494. **Kraus** (Alex. fils). — *La musique au Japon.* Florence, 1880, 1 vol. in-8° cart.
Brauns (D.). — *Traditions japonaises sur la chanson, la musique et la danse.* Paris, Maisonneuve, 1890, 1 vol. in-32 cart.
David (Ern.). — *La musique chez les Juifs.* Paris, Pottier, 1873, 1 vol. in-8° cart.

495. **Van der Straeten** (Ed.).— *Les musiciens néerlandais en Espagne et en Italie.* Bruxelles, Van Trigt, 1885.

496. **Gregoir** (Ed.). — *Essai historique sur la musique et les musiciens.* Bruxelles, Mayence, 1861, 1 vol. in-fol. cart.
Van der Straeten (Ed.). — *Les ménestrels aux Pays-Bas.* Bruxelles, Mahillon, 1878, 1 vol. in-8° cart.

---

497. **Van der Straeten** (Ed.). — *La musique aux Pays-Bas avant le XIXe siècle.* Bruxelles, Muquardt, 1867-88, 8 vol. in-8° drl.

---

498. **Van der Straeten** (Edm.). — *Le Théâtre villageois en Flandre.* Bruxelles, Claassen, 1874, 2 vol. in-8° drl.
Van der Straeten (Edm.). — *Curiosités de l'histoire musicale des anciens Pays-Bas.* Paris, 1867, 1 vol. in-8° d. toile.

499. **Burney** (Ch.). — *The present state of music in Germany, the netherland and united provinces.* London, 1775, 1 vol. in-8° veau.

500. **Burney** (Ch.). — *De l'état présent de la musique en France et Italie, dans les Pays-Bas, en Hollande et en Allemagne.* Gênes, 1809-1810, 3 vol. in-8° dem. rel.

501. **Chorley** (H.-F.). — *Music and manners in France and Germany.* London, Longman, 1844, 3 vol. in-8° perc.

502. **Roussier** (abbé). — *Mémoire sur la musique des anciens.* Paris, Lacombe, 1770, 1 vol. in-4° dos veau.

503. **Montandon** (A.-L.). — *Problème musical historique, pédagogique, prophétique.* Paris, Taride, 1861, 1 vol. in-16 cart.

Cinq ouvrages sur le chant à l'école.

Plümpfer (Th.). — *Der Schell komponist.* Berlin, Brachvogel et Ranft., 1888, 1 vol. in-32 cart.

Cinq brochures sur les méthodes musicales.

Gregoir (G.-J.). — *Pantheon musical populaire,* 2e vol. Bruxelles, Schott, 1876, 1 vol. in-16 d. toile.

504. **Soubies** (A.). — *Histoire de la musique.* Belgique, 2 vol. in-32 cart. couv.

Devillers (Léop.) — Trois brochures sur la musique à Mons.

Guide de la méthode Wilhem. Paris, Duverger, 1835, 1 vol. in-8° cart.

505. **de Valori**. — *La musique et le document humain.* Paris, Ollendorf, 1887, 1 vol. in-16 br.

Hubens (Arthur). — *La légende d'Orphée et le drame musical.* Bruxelles, 1910, 1 vol. in-16 br.

Rimsky-Korsakov (André). — *Boris Godounow* de M. Moussorski. *Étude critique.* Paris, Bessel, 1 vol. in-15 cart.

Knosp (Gaston). — *Mârouf, savetier du Caire. Glossaire.* Bruxelles, de Saedeler, 1919. 1 vol. in-16 cart.

Graves (Charles-L.). — *The life and letters of sir George Grove.* London, Macmillen, 1903, 1 vol. in-8° toile.

506. **Saalschütz** (J.-L.). *Geschichte und würdigung der musch bei der Hebraern.* Berlin, Fincke, 1819, 1 vol. in-16 drl.

Bourgault-Ducoudray. — *Conférence sur la modalité dans la musique grecque.* Paris, Impr. Nation. 1879, 1 vol. in-8° cart.

Westphal (R.). — *Geschichte der alten und mittelalterlichen musik.* Breslau, Leuchart, 1866, 1 vol. in-8° cart.

Bertrand (J.-E.-C.). — *Essai sur la musique dans l'Antiquité.* Paris, Didot, 1860, 1 vol. in-8° cart.

506bis. *Entretiens sur l'état de la musique grecque vers le milieu du quatrième siècle.* Amsterdam, 1777, 1 vol. in-a6 cart.

Engel (Carl). — *The music of the most ancient nations.* London, Murray, 1870, 1 vol. in-8° toile.

506ter. **Vincent**. — Deux brochures sur la musique grecque. Réponse à M. Fétis.

Gevaert (F.-A.) et **Vollgraff** (J.-C.). — *Les problèmes musicaux d'Aristote.* Texte grec et trad. française. Gand, Hoste, 1903, 1 vol. in-4° d. toile.

Combarieu (Jules). — *Fragments de l'Enéide en musique.* Paris, Picard, 1898, 1 vol. gr. in-8° perc.

Vincent (A.-J.-H.). — *Réponse à M. Fétis.* Lille, Donel, 1859, 1 vol. in-8° perc.

---

507. Gevaert (Fr.-Aug.). — *La mélopée antique dans le chant de l'église latine.* Gand, Hoste, 1895, 1 vol. gr. in-8° pl toile.

---

508. Gevaert (Fr.-Aug.). — *Histoire et théorie de la musique de l'antiquité.* Gand, Annort-Braechman, 1875, 2 vol. in-4° d. veau.

509. Goovaerts (Alph.). — *Histoire et bibliographie de la typographie musicale dans les Pays-Bas.* Anvers, Kockx, 1880, 1 vol. in-8° br.

Mitjana (R.). — *Catalogue des imprimés de musique des XVIe et XVIIe siècles conservés à la bibliothèque d'Upsala.* Tome I : *Musique religieuse.* Upsala, 1911, 1 vol. gr. in-8° demi perc.

Williams (Abdy). — *The story of notation.* London, W. Scott, 1903, 1 vol. in-16 cart.

510. Scott (Kennedy). — *Madrigal singing.* London, Breitkopf et Haertel, 1907, 1 vol. in-4° cart.

511. de la Fage (Adrien). — *Essais de diphthérographie musicale.* Paris, Bonaventure, 1862, 1 vol. in-8° cart.

Riemann (Hugo). — *Die Entwichelung unser Notenschrift.* Leipzig, Breitkopf, 1881, 1 vol. in-8° cart.

Riemann (Hugo). — *Studien zrir geschichte der notenchüft.* Leipzig, Breitkopf et Haertel, 1878, 1 vol. in-8° cart.

512. Méreaux (Amédée). — *Variétés musicales.* Paris. Calmann-Lévy, 1878, 1 vol. in-16 dem. rel.

Weckerlin (J.-B.). — *Musiciana en hongrois.* Paris, 1878, 1 vol. in-16 dem. rel.

Weckerlin (J.-B.). — *Musiciana.* Extraits. Paris, Garnier, 1877, 1 vol in-16 toile.

Weckerlin (J.-B.). — *Dernier musiciana.* Paris, Garnier, 1 vol. in-18 cart.

513. *Appuis et caudence,* trad. franç. par Ruelle. Paris, Didot, 1905, 1 vol. in-8° cart.

Stoli (Art.). — *Metodo grafico di riduzione delle note di musica in cifre numeriche.* Roma, Salvincci, 1841, 1 vol. in-8° cart.

Système de notation musicale par un ancien professeur de mathématiques. Paris, Houdaille, 1838, 1 vol. in-4° broché.

Danses populaires serbes, par Matzarevitch. Belgrade, 1887, 1 album in-8° oblong drl.

David (L.) et **Lussy** (M.). — *Histoire de la notation musicale.* Paris, Imprimerie Nationale, 1882, 1 vol. in-fol. toile.

515. Cinq brochures de F.-J. Fétis.
Feestschrift zur 50 jährigen Jubelfeier der firma C.-G. Röder. Leipzig, 1896, 1 vol. gr. in-4° toile.
Simar (J.). — *Théorie générale de la notation de la musique.* Bruxelles, Bertram, 1888, 1 vol. in-4° toile (exemplaire de Gevaert).
Azevedo (Alexis). — *Sur un nouveau signe pour remplacer les trois clefs.* Paris, Escudier, 1868, 1 br. in-8°.
Thibaut (J.-B.). — *La notation musicale.* Saint-Pétersbourg, 1912, 1 br. in-fol.

516. *Chefs-d'œuvre du théâtre moderne.* Paris, Lévy, 2 vol. in-4° cart.
Des ballets anciens et modernes selon les règles du théâtre. Paris, Guignard, 1682, 1 vol. in-12 pl. cuir.

517. **Niemann** (W.). — *Musik und musiker des 19. Jahrhunderts bis zur gegenwart.* Leipzig, Senff, 1905, 1 vol. in-4° cart.
d'Udine (Jean). — *La belle musique.* Illustr. Paris, Devambez 1909, 1 vol. in-4° br.

518. **Poirson.** — *Guide-manuel de l'orphéoniste.* Paris, Hachette, 1818, a vol. in-32, toile.
Reuchsel. — *L'art du chef d'orphéon.* Paris, Fischbacher, 1906, 1 vol. in-8° cart.

519. [**Jacops** (Ed.). — *Nomenclature des soc. musicales de la Belgique.* Anvers, van Meilen, 1853, 1 vol. in-8° cart.
La chanson, c'est de l'histoire éphéméride de la Société royale des Mélomanes. Gand, De Busscher, 1871, 1 vol. in-8° dos percal.
Thys (Aug.). — *Historique des Sociétés chorales de Belgique.* Gand, 1855,[1 vol. in-8° drl.
Thys (Aug.). — *Les sociétés chorales en Belgique.* Gand, 1861, in-8° carré drl. 2e édition.
Génard (P.). — *Notice sur la Société royale d'Harmonie d'Anvers.* Anvers, 1865, 1 vol. in-8° cart.

520. **Pierre** (Constant.). — *B. Sairette et les origines du Conservatoire national.* Paris, Delalain, S. d., 1 vol. in-8° cart.
Lassabathie. — *Histoire du Conservatoire.* Paris, M. Lévy, 1860, 1 vol. in-18 cart.
Martinet (.A). — *Histoire anecdotique du Conservatoire.* Paris, Kolb, S. d., 1 vol. in-16 cart.
Collegio musicale del buon pastore in Palermo, Palermo, 1871, 1 vol. in-4° cart.

521. **Hauslick** (Edw.). — *Geschichte des Concertwegens in Wien.* Wien, Braumüller, 1869, 2 vol. gr. in-8° dem. rel.
Elwart. (A.). — *Histoire de la Société des concerts du Conservatiore impérial de musique.* Paris, Castel, 1860, 1 vol. in-16 perc.

522. **Dandelot** (A.). — *La Société des concerts du Conservatoire de 1878 à 1897.* Paris Havard, 1898, 1 vol. in-16 cart.

Delderen (E.-M.-E.). — *La Société des Concerts* de 1860 à 1885. Paris, Firmin-Didot, 1887, 1 vol. gr. in-8° cart.

Elwart (A.). — *Histoire des concerts populaires de Musique classique.* Paris, Castel, 1864, 1 vol. in-16 cart.

Decourcelle (M.). — *La Société académique des enfants d'Apollon* (1741-1880). Paris, Durand, 1881, 1 vol. in-8° cart.

523. *Sul Collegio di musica in Palermo.* Palermo, S. d. 1 vol. gr. in-8° art.

Festschrift zur Wiener misukfest. Woche, 1912, 2 br.

Programmes du Concert populaire, 1 farde in-4°.

Les Concerts populaires de Bruxelles. Bruxelles, Monnom, 1898. 1 vol. in-8° br. (4 exemplaires plus 1 exemplaire de luxe.)

524. **Brown** (James Duff). — *Manual of practical Bibliography.* London, Routledge, 1 vol. in-32 toile.

Goovaerts (Alfons). — *De muziekdrukkers Phalesius en Bellerus, te Leuven en te Antwerpen.* Anvers, L. de la Montagne, 1882, 1 vol. in-16 cart.

Dix-sept brochures : Festivals, concours, chorales.

525. **Böhler** (Otto). — *Silhouettes. Photographies dans un emboîtage.* Album de cartes portraits d'artistes.

LA DANSE. — LES BALLETS.

526. **Prunières** (Henry). — *Le ballet de cour en France avant Benserade et Lully.* Paris, Laurens, 1914, 1 vol. in-4° d. toile.

Guillaumot (A.). — *Costumes des ballets du roy.* Paris, Monnier, 1885, 1 vol. in-4° cart.

---

527. **Emmanuel** (M.). — *La danse grecque antique.* Paris, Hachette, 1896, 1 vol. in-4° dem. perc. (rare).

---

528. **Vuillier** (G.). — *La danse.* Paris, Hachette, 1898, 1 vol. in-4° mar.

529. **Landrin.** — *Recueil des contredanses françaises et autres.* Paris, Landrin, 1 vol. in-8° pl. veau.

Gaurin. — *La musique théorique et pratique.* Paris, Ballard, 1722, 1 vol. in-4° v. rac.

530. **Baron** (A.). — *Lettres et entretiens sur la danse.* Paris, 1825, 1 vol. in-8° dem. rel.

Noverre (J.-G.). — *Lettres sur la danse et les ballets.* Lyon, Delaroche, 1760, 1 vol. in-16 dem. rel.

Noverre (J.-G.). — *Lettres sur les arts imitateurs en général*, etc. Paris, Collin, 1807, 2 tomes en 1 vol. in-16 perc.

531. Berchoux (J.). — *La danse ou la guerre des dieux.* Paris, Giguet, 1808, 1 vol. in-12. dem. rel.

Blasis (M.). — *Code complet de la danse.* Paris, Audin, 1830, 1 vol. in-32 dem. rel.

Albert. — *L'art de danser.* Paris, 1834, 1 vol. in-32. cart.

Voiart (Elise). — *Essai sur la danse.* Paris, Audot, 1823, 1 vol. in-16 dem. rel.

---

532. Menestrier. — *Des ballets anciens et modernes selon les règles du théatre.* Paris, Guignand, s. d., 28 ff. 232 pp. rel. pet. in-8° plein veau. Danses figurées dans le texte (rare).

---

533. Japy (G.). — *Adèle Granzow.* Paris, Grollier, 1868, 1 vol. in-16 dem. rel.

Polkmall (Nick). — *Les Polkeuses.* Paris, Mascagna, 1844, 1 vol. in-16 drl.

Nyssen. (J-J.). — *Un mot sur la danse.* Bruxelles, 1875, 2 vol. in-16 cart.

534. Desrat (G.). — *Dictionnaire de la danse.* Paris, 1895, 1 vol. in-8° toile.

Lussan-Borel. — *Traité de danse.* Paris, Labrousse, 1899, 1 vol. in-8° cart.

535. Gavine (P.). — *Il. ballo.* Milano, Hoepli, 1898, 1 vol. in-12 toile.

Costa (Giacomo). — *Saggio intorno all'arte della danza.* Torino, Serra s. d., 1 vol. in-16 dem. rel.

536. Giraudet (E.). *La danse.* Paris, s. d., 2 tomes en 1 vol. in-8° cart.

537. Charbonnel (R.). — *La danse.* Ill. de Valvérane. Paris, Garnier, s. d. 1 vol. in-4° dem. toile.

538. de Soria (H.). — *Histoire pittoresque de la danse.* Paris, Noble 1897, 1 vol. in-4° dem. toile.

539. Lafitte (Jean-Paul). — *Les danses d'Isadora Duncan*, avec préface d'Elie Faure. Paris, Mercure de France, 1910, 1 vol. in-4° cart.

Fourcaud .— *Léontine Beaugrand.* Paris, Ollendorff, 1881, 1 vol. in-8° cart.

8 brochures sur la danse, Isadora Duncan, les danseurs russes.

Duncan (Isadora). — *Der Tanz der Zukunft.* Leipzig, 1903 1 vol. in-16 cart.

540. **St Johnston** (Reg.). — *A History of Dancing.* London, Simpkin, 1 vol. in-8° toile.

Holt (Ardern). — *How to dance the revived ancient dances.* London, Cox, 1907, 1 vol. in-16 toile.

Scott (Edward). — *Dancing in all ages.* London, Swan Sonneschein, 1899, 1 vol. in-8° toile.

541. **Aubry** (Pierre).—*Estampes et danses royales.* Paris, Fischbacher 1907, 1 vol. in-8° cart.

Magnier (Maurice). — *La danseuse.* Paris, Flammarion, 1885, 1 vol. in-4° cart.

de Ménil (F.). — *Histoire de la danse à travers les âges.* Paris, Picard et Haan, s. d., 1 vol. in-8° cart.

542. **Castil-Blaze.** — *La danse et les ballets.* Paris, Paulin, 1832, 1 vol. in-16 d. toile.

543. **Molière-Lully.** — *Le mariage forcé, comédie-ballet en trois actes.* Paris, Hachette, 1867, 1 vol. in-18 cart.

Pellisson (Maurice). — *Les comédies ballets de Molière.* Paris, Hachette, 1914, 1 vol. in-15 cart.

Bernay (Berthe). — *La danse au théâtre, illustr. de Dousdebes.* Paris, Dentu, s. d., 1 vol. in-16 d. toile.

Dacier (Emile). — Mlle *Sallé.* Paris, Plon, 1909, in-18 cart.

544. **Rabou** (Charles). — *Les grands danseurs du roi.* Bruxelles, Méline et Cans, 1846, 1 vol. in-32 cart.

Fuller (Loïe). —*Quinze ans de ma vie. Préface d'Anatole France.* Paris, Juven, s. d., 1 vol. in-18 cart.

Capon (C.) et **Yve-Plessis** (R.). — *Fille d'opéra, vendeuse d'amour.* Paris, Plessis, 1906, 1 vol. in-8° perc.

Pertiault (F.). — *Histoire de la danse.* Paris, Aubry, 1 vol. in-32 drl.

Blanchard (G.). — *La Danseuse. Thèse pour le docteur en médecine.* Paris, Jouve, 1898, 1 vol. in-8° cart.

Terpsichore. — *Petit guide à l'usage des amateurs de ballets.* Paris, Presse, 1875, 1 vol. in-32 cart.

545. **Aubry** (P.) et **Dauer** (E.). — *Les caractères de la danse.* Paris, Champion, 1905, 1 vol. in-8° br.

2 brochures sur la danse.

Brussel (R.). — *Tamar-Kardavina ou l'heure dansante au jardin du roi.* Une plaquette in-4° ill. de croquis de Gir. (Tirage limité.)

546. **Brussel** (R.). — *Le Ballet.* Numéro du Figaro illustré de mai 1911, 1 album in-fol. br. *et divers.*

Gross (V.). — *Mouvements de danse de l'antiquité à nos jours.* Paris, De Brunoff, 1914, 1 vol. in-fol. br.

Nos Musiciens. N° 78, 27 sept. 1902 de l'Assiette au beurre. 1 br. in-4°.

Colas (Richard). — *Les templiers. Grand opéra de Litolff. Publication commémorative.* Bruxelles, Gossé, 1886, 1 vol. in-fol. br.

Renouard (Paul). — *La Danse,* 20 dessins en fac-similé. Paris, Billot, 1892, 1 vol. gr. fol. cart.

547. Rouget de Lisle. — *La vérité sur la paternité de la Marseillaise.* Paris, 1865, 1 vol. gr. in-8° cart.

Colard (H.). *La Marseillaise,* tiré à part du Touring Club 1914. 1 br. gr. in-8° br.

La Brabançonne de Jenneval et de Campenhout. Illustr. de Malai. Bruxelles, Géruzet, 1848, 1 br. in-4° cart.

Leroy de Sainte Croix. — *La Marseillaise et Rouget de l'Isle.* Strasbourg, Hagemann, 1880, 1 vol. in-4°. 4 exempl.

548. Chilesotti (Oscar). — *Liutisti del Cinquecento.* Leipzig, Breitkopf, s. d., 1 vol. in-8° cart.

549. Legay (Marcel). — *Toute la gamme.* Paris, Brandus, 1886, 1 vol. in-fol. dem. perc.

Francisque (Antoine). — *Le Trésor d'Orphée.* Manuscrit pour piano, par H. Quittard. Paris, Fortin, s. d., 1 vol. gr. in-4° cart.

Tappert (W.). — *Sang und klang aus alter zeit.* Berlin, Liepmannssohn, 1 vol. in-4° obl. dem. rel. Sous volet, la traduction du texte en français.

550. Schuberth (J.). — *Musikalisches Conservation-Lexicon.* Leipzig, Schuberth, s. d., 1 vol. in-16 toile. On a ajouté un grand nombre de coupures d'articles de journaux.

Lavignac (Albert). — *La musique et les musiciens.* Paris, Delagrave, 1895, 1 vol. in-16 toile.

551. Prod'homme (J.-G.). — *Ecrits de musiciens* (XVe-XVIIIe s.) Paris, Mercure de France, 1912, 1 vol. in-16 cart.

Rolland (R.). — *Musiciens d'autrefois.* Paris, Hachette, 1908. 1 vol. in-16 cart.

Landowska (W.). — *Musique ancienne. Style. Interprétation. Instruments. Artistes.* Paris, Mercure de France, 1 vol. in-16 cart.

Marnold (Jean). — *Musiques d'autrefois et d'aujourd'hui.* Paris, Dictionnaire, s. d., 1 vol. in-16 cart.

552. *Les grands maîtres de la musique jusqu'à Berlioz.* Préface de C. Saint-Saens. Paris. Laffitte, s. d., 1 vol. in-fol. perc.

553. Rudhart (Fr.-M.). — *Geschichte der Oper am hofe zu München.* Freising, 1865, 1 vol. in-8° cart.

Ademollo (A.). — *I primi parti del festro di via della pergola in Firenze.* Milan, Ricordi, s. d., 1 vol. in-8° cart.

Heuss (Alf.). — *Die instrumental-stüke des « Orfeo » und die venetianischen opera-sinfonien.* Leipzig, Breitkopf, 1903, 1 vol. in-8° cart.

Mayer (Andrea). — *Discorso suller originie progressie stato attuale della musica italiana.* Padova, 1821, 1 vol. in-8° cart.

554. Castil-Blaze. — *L'opéra italien de 1548 à 1856.* Paris, 1856, 1 vol. in-8° demi-rel.

Prunières (Henry). — *L'opéra italien en France avant Lulli.* Paris, Champion, 1913, 1 vol., in-8°, perc.

555. *Sammelband der internationalen musik-gesellschaft.* Leipzig, Breitkopf, s. d., 1 vol. in-8° toile.

Goldschmidt (H.). — *Studien zur geschichte der italianischen oper in 17 XVIIe jahrhundert.* Leipzig, Breitkopf, 1907-1909, 2 tomes en 1 vol., in 8°, perc.

556. Isnardon (J.). — *Le théatre de la Monnaie.* Bruxelles, Schott, 1890, 1 vol. in-4°, demi-perc.

557. *Recueil de romances 1774.*
Trattato del Ballarino, 1 vol. in-8°, velin (incomplet).

Granani (M.-A.). — *Giardino spirituale de varii fiori musicali.* Milano, Prolla, 1655, 1 vol. in-8°, velin.

Caccini (G.). — *L'Euridice.* Firenze, Guidi, 1880, 1 vol. in-16, cart.

---

558. Hervieux (J.-C.). — *Traité curieux des serins de Canarie.* Texte français et flamand, s. l., 1712, 1 vol. in-32, pl. veau.

---

559. *Jenneval et Korner mots en combattants pour la liberté, Hofer et Palm victimes de l'arbitraire par l'auteur de la « Mégère. »* Bruxelles, Vanderborght, 1831, 1 vol. in-4°, cart.

Vandersypen (Ch.). — *Jenneval, Campenhout, la Brabançonne.* Bruxelles, Bruylant, 1880, 1 vol. in-8°, demi-rel.

---

560. Rolland (Romain). — *Histoire de l'opéra en Europe avant Lulli et Scarlatti.* Paris, Thorin, 1895, 1 vol. in-8°, dos velin.

---

561. Ballart (Christophe). — *Bruneles ou petits airs tendres avec les doubles et la basse continue.* Paris, 1703-1711, 3 vol. in-32, d. rel.

Cantiques et pots-pourris. A Londres, 1789, 1 vol. in-32, pl. unis.

Theate Ligeoi. — *A Lige Lemaric 1784,* 1 vol. petit in-32, pl. unis, avec : *Les espiègleries de l'amour à Paphos,* 1 vol petit in-32, dans un carton.

562. Bulengerus S. J. (Julius Caesar). — *De theatro tudisque scenicis libri duo.* Tricassibus (Troyes), Chevillot, 1603, 1 vol. in-8° velin, (première édition : voir Sommervogel vol. II, p. 368), très rare.

---

563. Staden (S. Gott). — *Seelewig* — poésie religieuse sylvestre ou la prière de joie mise en musique à la mode italienne (en allemand). — Nuremberg, 1644, petit in-8° obl. vel., nombreuses planches gravées. Texte d'un curieux opéra allemand. Ce serait le premier qui ait ét imprimé. Également intéressant au point de vue musical. **Très rare.**

---

564. Pers (D.-P.). — *Bellerophon of lust tot wysheit.* Amsterdam, :657, 1 vol. in-32 velin (ex-libris de Cousemaeker), figures nombreuses.

565. Jullien (Adolphe). — *Hector Berlioz. Sa vie et ses œuvres.* Paris, Librairie de l'Art, 1888, 1 vol. in.fol., demi-rel., (avec les lithog. de Fantin Latour).

566. Jullien (Adolphe). — *Richard Wagner. Sa vie et ses œuvres.* Paris, Rouam, 1886, 1 vol. in-fol., demi-rel. (avec les lithog. célèbres de Fantin-Latour).

567. Kastner (G.). — *Les danses des morts.* Paris, Brandus, 1852, 1 vol. in-fol., demi-rel.

568. *Le livre d'or du centenaire d'Hector Berlioz.* Paris, Petit, s. d., 1 vol. in-fol. demi-perc.

569. Kastner (G.). — *Les sirènes, essai sur les principaux mythes relatifs à l'incantation.* Paris, Brandus, 1858, 1 vol. in-fol., demi-perc.

569*bis*. Morphy (G.). — *Les luthistes espagnols du XVIe siècle.* Leipzig, Breitkopf, 1902, 2 vol. in-fol., cart.

570. Kastner (G.). — *La harpe d'Eole et la musique cosmique.* Paris, Brandus, 1856, 1 ol. in-fol., demi-toile.

Kastner (G.). — *Les chants de la vie, cycle choral.* Paris, Brandus, 1854, 1 vol., in-fol., demi-toile.

571. Kastner (G.). — *Les voix de Paris.*Paris, Brandus, 1857, 1 vol. in-4°, toile.

572. Kastner (G.). — *Manuel général de musique militaire à l'usage des armées françaises.* Paris, Firmin Didot, 1848, 1 vol. in-4° dem. perc.

572bis. *Collection choisie d'opéra-comique.* Paris, Duchesne, 1785086, 13 vol. in-8° dos veau.

572ter. **Lesage et d'orneval.** — *Le Théâtre de la foire ou l'Opéra-*

Comique. Amsterdam, Chatelain, 1722-1731, 6 vol. in-12 pl. veau.

572quater. *Histoire du théatre de l'opéra-comique*. Paris, Lacombe, 1769, 2 vol. in-12 veau.

573. Quinze brochures sur la musique, l'art dramatique, etc.

574. **Heulhard** (Arth.). — *La fourchette harmonique. Histoire de cette société musicale*. Paris, Lemerre, 1872, 1 vol. in-16 cart.

Tapon Fongas (F.). — *Satire contre l'envie imitée de Salvator Rosa*. Genève, 1866, 1 vol. in-16 dem. rel.

Kufferath (M.). — *Merlin*, drame en trois actes. S. L. s. d., 1 br. in-8° cart.

575. **Van Synghel**. — *L'art musical simplifié au moyen d'une boussole*. S. L., 1824, 1 br. in-8° cart.

Heulhard (Arthur). — *La Fourchette musicale*, 1 vol. in-16 cart.

Bonnin et **Chassaut**. — *Puy de musique érigé à Evreux en l'honneur de Mme Sainte-Cécile*, publié d'après un manuscrit de XVIe siècle. Evreux, Aneelle, 1837, 1 vol. in-8° dem. rel.

576. **Hellouin** (Fr.). — *Esai de critique musicale*. Paris, Joanin, 1906, 1 vol. in-16 cart.

de Romain (Louis). — *Essais de critique musicale*. Paris, Lemerre, 1890, 1 vol. in-16 cart.

Charrier (Pierre). — *Les droits de critique théatral, littéraire, musical et artistique*. Paris, Schleicher, s. d. 1 vol. in-16 cart.

577. **Mesnard** (Léonce). — I. *Mélanges littéraires et biographiques*. II. *Essais de critique d'art*. III. *Essais de critique musicale*. Paris, Fischbacher, 1891-1892, 3 vol. in-16 cart.

578. **de Lasalle** (A.). — *La musique pendant le siège de Paris*. Paris, Lachaud, 1872, 2 vol. in-18 d. toile.

Graves (C.-L.). — *Musical Monstrosities, ill. by G Morrow*. London, Pitman, 1909, 1 vol. in-18 cart.

Aldo. — *Dictionnaire musico-humoristique*. Paris, Gérard, 1870, 1 vol. in-16 cart.

Azevedo (Alexis). — *Les doubles croches malades*. Paris, 1874, 2 vol. pet. in-32 cart.

579. **Issé**. — *Pastorale héroïque* représentée à Friano le 17 décembre 1697. Paris, Ribou, 1719, 1 vol. in-4° veau.

Goudar (L.). — *Le Brigandage de la musique italienne*, 1777, 1 vol. in-18 cart.

580. **Scudo** (P.). — *L'année musicale, Critique et littératures musicales, etc.* 8 vol. drl et 2 vol. cart.

581. Dufrane (J.). — *Annuaire musicale de la Belgique.* Frameries, Dufrane-Friart, 1880, 10 d. in-8° d. toile.

Van der Straeten (Edmond). — *Nos périodicaux musicaux.* Gand, Vuylsteke, 1893, 1 vol. in-8° cart.

582. Bemetzrieder (M.). — *Le tolérantisme musical.* Paris, Onfroy, 1779, 1 br. in-8° cart.

Londier (Sophronyme). — *La musique au village. Histoire anecdotique de la méthode Galin-Paris-Chevé.* Paris, S. d. 1 vol. in-16 cart.

de Lasalle (Albert). — *Dictionnaire de la musicale appliquée à l'amour.* Paris, Lacroix, 1868, 1 vol. in-16 cart.

583. Berquin. *Pygmalion.* Scène lyrique de J.-J. Rousseau. Paris Lemonnyer, 1883, 1 vol. in-fol. dem. vol. exemplaire sur, Japon. Gravures de Moreau le Jeune.

584. *Histoire littéraire des Troubadours.* Paris, Durand, 1774, 3 vol. in-12 veau.

585. *Trois cens* (sic) *fables en musique dans le gout de M. de la Fontiane.* Liége, Desoer, 2 vol. in-16 veau.

586. Smith (J.-H.). — *The Troubadours ad Home.* New-York, Putnam, 1899, 1 vol. in-8° toile.

587. Van Hasselt (Ernestine André). — *Scherzo.* Bruxelles, 1894, 1 vol. in-8° cart.

Tajan-Rogé. — *Fausses notes.* Paris, Dentu, 1862, 1 vol. in-8° percal. (pamphlet contre Fétis).

Vaudin (J.-F.). — *Les plaisantins de la musique.* Paris, Perrotin, 1861, 1 vol. in-8° cart.

588. Labat (J.-B.). — *Œuvres littéraires, musicales,* t. Ier : Sujets religieux. Paris, Baur, 1879, a vol. in-8° cart.

Bisson (Alex.). — *Petite encyclopédie musicale. Histoire générale de la musique.* Paris, Hennuyer, 1884, 1 vol. in-16 cart.

589. Dufour (Aug.) et **Rabut** (Fr.). — *Les musiciens, la musique et les instruments de musique en Savoie,* 1 vol. in-8° cart.

Maubel (H.). — *Préfaces pour des musiciens.* Paris, Fischbacher, 1 vol. in-12 cart.

Oliphant (Th.). — *La musce madrigalesca.* London, Calkin and Budd, 1837, 1 vol. in-16 percal.

590. Bellaigne (C.). — *Notes brèves.* Paris, Delagrave, 1 vol in-18 cart.

Bellaigne (C.). — *Etudes musicales* (3e série). Paris, Delagrave, S. d. 1 vol. in-18 cart.

Vallat (Gust.). — *Etudes d'histoire de mœurs et d'art musical.* Paris, Quantin, 1890, 1 vol. in-18 cart.

591. **Armingaud** (J.). — *Modulations.* Paris, Lemerre, 1895, 1 vol. in-18 cart.

Jullien (Ad.). — *Airs variés; histoire, critique, biographies musicales.* Paris, Fasquelle, 1877, 1 vol in-18 cart.

Guy Ropartz. — *Notations artistiques.* Paris, Lemerre, 1891, 1 vol. in-18 cart.

592. **Heulhard** (A.). — *Bravos et sifflets.* Paris, Dupret, 1886, 1 vol. in-16 cart.

Adye (W.). — *Musical Notes.* London, Bentley, 1869, 1 vol. in-16 cart.

Maubel (H.). — *Préfaces pour des musiciens* 1 vol. in-16.

Jacques-Dalcroze. — *Le cœur chante. Sensation d'un musicien.* Genève, Eggiman, 1 vol .in-16 cart.

593. **Stanford** (C.-V.). — *Studies and memories.* London, Constable, 1908, 1 vol. in-8° toile.

Graves (Ch.-L.). — *Post-Victorian music.* London, Macmillan, 1911, 1 vol. in-8° toile.

Beatty-Kingston (W.). — *Music and manners.* London, Chapman, 1887, 1 vol. in-8° toile. (vol. II seulement).

de Toyon (Paul Macy). —*La musique en* 1864. Paris, De Gresse, s. d., 1 vol. in-8° car*d.*

Audebrand (Ph.). — *Petits mémoires d'une stalle d'orchestre.* Paris, Lévy, 1885, 1 vol. in-16 cart.

Weber (J.). — *Les illusions musicales.* Paris, Fischbacher, 1883, 1 vol. in-18 cart.

Destranges (Et.). — *Consonnances et dissonnances.* Paris, Fischbacher, 1906, 1 vol. in-8° cart.

595. **Klatte** (W.). — *Zür geschichte der Programm-Musik.* Berlin, Marquardt, 1 vol. in-12 cart.

Baughan (E.-A.). — *Music and musicians.* London, Lane, 1906, 1 vol. in-16 toile.

Fuller-Maitland. — *The musician's Pilgrimage.* London, Smith, 1899, in-16 toile.

596. 14 brochures sur la musique et les musiciens.

597. **Bie** (Oscar). — *Intime musik.* Berlin, Die Musik, s. d., 1 vol. in-12, cart.

Bridge (Frederik). — *The Shakespeare and music birthday book.* London, Bosworth, s. d. 1 vol. in-12 br.

Commettant (Oscar). — *Un nid d'autographes, lettres inédites.* Paris, Dentu, 1885, 1 vol. in-16 cart.

Naylor (Edw. W.). — *Shakespeare and music.* London, Dent, 1 vol. in-12 toile.

598. **Vander Straeten** (Ed.). — *Charles-Quint musicien. Voltaire musicien.* Gand, Vuylsteke, Paris, Bour, 2 vol. in-8° cart.

599. **Castil-Blaze.** — *L'art des vers lyriques.* Paris, Delahays, 1858, 1 vol. in-8° cart.

Deldevez (E.-M.-E.). — *Curiosités musicales, notes, analyses, etc.* Paris, Firmin-Didot, 1873, 1 vol. gr. in-8° cart.

Roberti (Giulio). — *Pagine di buana fede, a proposito di musica.* Firenze, Barbeia, 1876, 1 vol. in-16 cart.

600. *Report of the fourth congres of the international musical society.* London, May-June, 1911. London, Novello, 1912, 1 vol. in-8° toile.

Vallas (Léon). — *La musique à Lyon au XVIIIe siècle.* Tome I. *La musique à l'académie.* Lyon, 1908, 1 vol. in-4° dem. toile.

Combarieu (J.). — *Documents mémoires et vœux du congrès international d'histoire de la musique, tenu à Paris en juillet* 1900. Paris, Fischbacher, s. d., 1 vol. in-4° cart.

601. **Domergue** (Ch.-M.). — *La saison musicale à Nice.* Nice, Faroud, 1876, 1 vol. in-8° cart.

Loquin (Anatole). — *La musique à Bordeaux.* Bordeaux, Feret, 1878-1879, 2 vol. in-8° dem. rel.

Bosselet (Ch.). — *Compte rendu des travaux du congrès musical de Malines de septembre* 1881. Bruxelles, Vanschil, 1882, 1 vol. in-8° cart.

602. **Capelle** (P.). — *La clé du caveau à l'usage des chansonniers français et étrangers, etc.* Paris, Cotelle, s. d., 1 vol. in-8° obl. dem. rel.

603. **Van der Straeten** (Ed.). — *La musique congratulatoire en* 1454, *de Dijon à Ratisbonne.* Bruxelles, Schott, 1889, 1 vol. in-8° cart.

Van der Straeten (Ed.). — *Turin musical.* Audenarde, 1880, 1 vol. in-8° cart.

5 brochures sur la musique de diverses cérémonies officielles.

Goovaerts (A.). — *Liederen en andere gedichten gemaakt ter gelegenheid van het Landjuweel van Antwerpen.* Antwerpen, Buschmann, 1892, 1 vol. in-4° cart.

Fête de chevalerie. Grand' place (œuvre de la Presse). Bruxelles, 1891, 1 album in-4° cart. ill.

604. *Explication des cérémonies de la Fête-Dieu d'Aix-en-Provence.* Aix, David, 1777, 1 vol. in-12 vélin (gravure curieux).

605. **Pierre** (Constant). — *Musique des fêtes et cérémonies de la*

révolution francaise. Paris, Impr. Nation., 1899-1904, 2 vol. fol. cart.

606. **Duncan** (Edm.). — *The story of minstrelsy.* London, Scott, 1907, 1 vol. in-18 toile.

607. **Tiersot** (Julien). — *Les fêtes et les chants de la révolution française.* Paris, Hachette, 1908, 1 vol. in-18 cart.

608. *Chansons choisies* (manuscrit ancien).

609. **Serre de Rieux** (Jean). — *Les dons des enfans de Latone. La musique et la chasse au cerf.* Paris, Prault, 1734, 1 vol. in-8° veau.

610. **Dubreuil.** — *Dictionnaire lyrique portatif ou choix des plus jolies ariettes de tous les genres.* Paris, Dubreuil, 1766, 2 vol. in-8° v. rac.

611. *Les chants nationaux de tous les pays. Adaptation musicale de Samuel Rousseau, illustration de Job.* Paris, Martin, s. d., 1 vol. in-fol. perc.
Collection d'airs nationaux. 1 carton in-fol.

---

612. **Smith** (Robert). — *Harmonies or the philosophy of musical sounds.* Cambridge, Bentham, 1749, 1 vol. in-8° br. (rare).

---

613. 17 méthodes et ouvrages sur la *musique vocale,* par **Lemaitre et Lavoix, Chevé, Isnardon, Audubert, Cheval, Blondeau, Stephen de la Madelaine, Giraud, Roncourt, Holtzen, Tomeoni, etc., etc.**

614. 3 ouvrages sur la *phonation,* par **Battaille.** Gay, Gavarret.

615. Etude. **Stephen de la Madelaine.** — *Phisiologie du chant.*
Bonnier. — *La Voix.*
Stephen de la Madelaine. — *Théorie complètes du chant.*

---

616. **Bérard.** — *L'art du chant dédié à Mme de Pompadour.* Paris, Dessaint, 1755, 1 vol. in-8° veau racine (rare).

---

617. **L. Mandl.** — *Hygiène de la Voix.*
Colombat (de l'Isère). — *Traité maladies et de l'hygiène des organes de la Voix.*
Louis Vacher. — *De la Voix chez l'homme au point de vue de sa formation, de son étendue et de ses registres.*
Eugène Crosti. — *La voix des enfants.*

613. **Rameau.** — *Démonstration du principe de l'harmonie.* Paris, Durand, 1750, 1 vol. in-8° cart.

619. **Adolphe Boschot.** — *Chez les musiciens (du XVIIIe siècle à nos jours).*

Marie Jaëll. — *La musique et la Psychophysiologie.*

Adolphe Jullien. — *Goethe et la musique; ses jugements son influence. Les œuvres qu'il a inspirées.*

Louis Schneider. — *Offenbach. Les maîtres de l'opérette française.*

620. **L. Quicherat.** — *Traité élémentaire de musique.*

Pierre Lebrun. — *Eléments raisonnés de musique au cours introductif à la composition musicale.*

C.-H. Watelle. — *Principes élémentaires de la musique.*

T.-J. Fetis. — *Manuel des Principes de musique.* The Melographicon. — « New-Musical Work. »

621. **Escudier frères.** — *Etudes biographiques sur les chanteurs contemporains.*

Habay. — *Unité de la voix.*

Frédéric Giraud. — *Le polycorde ou nouveau traité théorique et pratique de musique vocale et de musique instrumentale.*

Boisquet (M.-F.). — *Essais sur l'art du comédien chanteur.*

Mancini (J.-B.). — *L'art du chant figuré,* traduit par A. Devaugiers, Vienne, et Paris, Cailleau, 1776, 1 vol. in-16, cart.

622. Douze brochures sur la musique.

623. Huit ouvrages sur l'éducation musicale, par **Gehring, Kobbé, Richter, Jacotot, Marquet, Bemetzrieder,** etc. (curiosités).

624. **Jules Courbarieu.** — *La musique et là magie,* 1 vol. petit in-4°. Paris, A. Picard, 1909, cartonné.

625. **Lahalle** (M.-P.). — *Essai sur la musique, suivi d'une bibliographie musicale.*

l'Affillard (S.), ordinaire de la musique du Roy. — *Principes très faciles pour bien apprendre la musique.*

Charreire (Paul). — *Aperçu philosophique sur la musique.*

Pietro Gianelli (don). — *Grammatica Ragionata della musica ossia.*

626. *Ouvrages sur l'acoustique et l'harmonie,* par **Rambosson, Chladni, Morel, Mahillon, Lucas, Plaserna, Taylor,** etc.

627. **Edgar Quinet** (Mme). — *Ce que dit la musique.*

D'Udine (Jean). — *Lettres paradoxales sur la musique.*

Poirée (Elie). — *L'Evolution de la musique.*

628. **Bellaigue** (Camille). — *Psychologie musicale.*

D'Udine (Jean). — *Petites lettres pour la jeunesse sur le Jugend-Album de Schumann.*

Sollohub (comte). — *Les musiciens contre la musique.*

629. *Ouvrages sur la gamme, le contre-point, le diapason,* par **Gaudillot, de Pontécoulant, Fétis Meerens, Grossi-Laudi, Vinée Delezenne, Vivier, Wild, Jodin, Ergo,** etc.

630. Douze ouvrages sur la *Musique dans ses rapports avec la couleur,* par **Wakefield, Eisenmenger, Nicolai, Lavoix, Langel, von Lesser, Destouches, D'Udine, Jameson, Campbele, Guyot, Favre,** etc.

631. **Burgh** (A.). — *Anecdotes of music historical and biogaphical in a series of letters from a gentlemen to his daughter.* London, Longman, 1814, 3 vol. in-16. pl. cuir.

632. Dix ouvrages d'*Esthétique musicale,* par **Abzel, Kanslick, Pauer, Wallner, de Chambrun, Marmontel, Stainer, Lalo, Riemoun.**

633. Huit ouvrages sur le *Rythme musical,* par **Lussy, Landry, de la Grasserie, Williams, Laprade, Goujon, Combarieu.**

634. Dix *Traités d'harmonies,* par **de Momigny, Albrechtsberger, Renaud, Ergo, Euler, Bemetzrieder, Roussier, de Geslin, Manfredini, Fétis.**

635. Onze ouvrages sur l'*Enseignement de la musique,* par **Colomb, Bosse, Bisson,** etc.

636. Douze ouvrages sur les *Théories scientifiques de la musique.*

637. Sept ouvrages sur le *Poésie et la musique,* par **Goddard, Griset, Parry, de La Cépède, Donovan, Beattie, Combarien.**

638. Vingt-deux ouvrages généraux sur la *Musique et dictionnaires musicaux,* par **Escudier, Fétis, Kastner, Choquet, Calcott.**

639. Dix-huit ouvrages sur la *Musique et la philosophie de la musique,* par **Macpherson, Griveau, Goodrich, Mees, Gérard, Villoteau, Pole, Lacopombe.**

LA CHANSON POPULAIRE.

640. **Branchet** (L.). et **Plantadis** (J.). — *Chansons populaires du Limousin.* Paris, Champion, S. d., 1 vol. in-4° cart.

Mortel (A.) et **Lamnert** (L.). — Paris, Maisonneuve, 1880, 1 vol. in-8° br.

Decombe (L.). — *Chansons populaires d'Ille-et-Vilaine,* 1 eau-forte. Rennes, Caillère, 1884, 1 vol. in-32 demi-toile.

Beauquier (Ch.). — *Chansons populaires recueillies en Franche-Comté.* Paris, Lechevalier, 1984, 1 vol. in-8° demi-toile.

Allard (M.). — *Ballet en langage français.* Paris, Aubry, 1855, 1 vol. in-8° cart., couv.

de **Croze** (Austin). — *La chanson populaire de l'île de Corse.* Paris, Champion, 1911, 1 vol. in-18 cart.

641. **Lambert** (L.). — *Chants et chansons populaires du Languedoc.* Paris, Welter, 1906, 2 tomes en 1 vol. in-8° dem. toile.

Vienot (J.). — *Vieilles chansons du pays du Montbéliard.* 1 vol. in-8° cart. (incomplet.)

de **Puymaigne** (comte). — *Chants populaires du pays messin.* Paris, Champion, 1881, 1 vol. in-16 dem. toile.

642. **Bujeaud** (J.). — *Chants et chansons populaires des provinces de l'Ouest.* Mort, Clouzot, 1865, 2 tomes en 1 vol. in-8° dem. toile.

643. **Millien** (A.). — *Chants et chansons populaires du Nivernais.* Paris, Leroux, 1906, 2 vol in-8° dem. toile.

644. **Millien** (Achille). — *Chants et chansons populaires du Nivernais.* Paris, Leroux, 1906, 1 vol in-8° dem. toile.

645. *Cinquante chants populaires de la Haute-Normandie,* harmonisés par Edouard MOULLÉ. Paris, Moullé, 1890, 1 vol in-fol. dem. rel.

646. *Cinquante chants populaires de la Haute-Normandie,* harmonisés par Ed. MOULLÉ. Textes revus et corrigés par M. Donnay. 2e édit.

647. **Bujeaud** (J.). — *Quarante chansons populaires des provinces de l'Ouest,* harmonisés par J. de Brayer avec notices de Maurice Bouchor. Paris, Hachette, 1901, 1 vol. in-4° dem. rel.

Bujeaud (Jérôme). — *Chants et chansons populaires des provinces de l'Ouest. Poitou, Saintonge, Aunis et Angoumois avec les airs originaux.* Niort, Clouzot, 1866, 2 vol. in-4° dem. rel.

Gerventois et sottes chansons couronnées à Valenciennes. Valenciennes, 1853, 1 vol. in-8° cart.

Desrousseaux. — *Mœurs populaires de la Flandre française.* Lille, Quarré, 1889, 2 tomes en 1 vol. in-8° dem. rel.

648. **Dinaux** (Arthur). — *Les sociétés badines bachiques, littéraires et, chantantes.* Ouvrage revu par Gustave Brunet. Paris, Bachelin, 1867, 1 tomes en 1 vol. in-8° dem. toile.

Goleville (Emmanuel). — *Chants populaires du Bas-Quercq.* Paris, Champion, 1889, 1 vol. gr. in-8° dem. toile.

Chaminade (Eug.). et **Casse** (E.). — *Chansons patoises du Périgord.* Paris, Champion, S. d. 1 vol. in-4° cart.

649. **d'Indy** (Vincent). — *Chansons populaires du Vivarais.* Paris, Durand S. d. 1 vol. in-4° dem. rel.

Tiersot (Julien) et **d'Indy** (Vincent). —*Chansons populaires dans le Vivarais et le Vercors.* Paris, Heugel, 1892, 1 vol. in-8° cart.

Rousse (Aflred). — *Vieilles chansons vendéennes, dessins de J. Wely.* Paris, Poulalion, S. d. , 1 vol in-4° dem. rel.

650. **Desrousseaux.** — *Chansons et pasquilles lilloises.* Nouv. édit. avec musique. Lille, 1869-1880, 4 tomes en 2 vol. in-8° dem. rel.

de Baecker (Louis). — *Chants historiques de la Flandre* (400-1650.) Lille. Vanackere, 1855, 1 vol. in-8° toile.

Coussemaker. — *Chants populaires des Flamands de France.* I. Noëls et Cantiques. S. L. S. d., 1 vol. in-4° dem. rel.

651. **Dumerson** et **Colet.** — *Chansons et chants populaires de la France.* Paris, Garnier, 4 tomes, en 2 vol. in-4° dem. toile ill. (très rare).

652. **Olivier** (Paul). — *Les chansons de métiers.* Paris, Fasquelle, 1910, 1910, 1 vol. in-8° cart.

Chansons du vieux temps. Recueillies par J. Piersot, ill. de Cerbauet, Paris, Hachette, 1 album in-4° cart.

Chansons de Frances (les). Revue trimestrielle de musique populaire 1907-1910. Paris, Scola cantorem, 1 vol. in-8° dem. toile.

653. **Ryon** et **Liouville.** — *Rondes et chansons du premier âge.* Paris, Fellier S. d., 1 album in-4° cart.

Tiersot (Julien). — *Chants de la vieille France.* 1 vol. in-fol. S. d.

654. **de la Serre** . — *Recueil d'airs nouveaux sérieux et à boire.* Paris, 1734, 1 album in-8° oblong. Rare,

655. **Bouchor** (M.). — *Chants populaires pour les écoles.* Paris, Hachette, 1897-1907, 4 vol. in-16 cart.

Lebouc (Ch.). — *Recueil de ronde avec jeux.* Paris, Rouard, S. d., 1 vol. in-fol. dem. toile.

Soixante-six chants pour les enfants. Paroles de S. Brès, musique de L. Collin. Paris, Hachette, S. d., 1 vol. in-8° cart.

656. *Vieilles chansons pour les cœurs sensibles.* Paris, Plon-Nourrit, 1 vol. in-4° cart. ill. de Pierre Brissau.

657. **Mendès** (Catulle). — *Lieds de France,* musique d'A. Bruneau, dess. de R. Mendès. Paris, Flammarion, s. d. 1 vol. in-16 d. toile.

658. **Guellon** (Ch.). — *Chansons populaires de l'air,* préf. de G. Vicaire. Paris, Monnier, 1883, 1 vol. in-4° d. toile. ill. de Rafaelli, etc.

Jeanroy (Alf.) et **Guy** (H.). — *Chansons et dits artésiens de XIIIe siècle.* Bordeaux, Feret, 1898, 1 vol. in-8° cart.

Ritz (Jean). — *Les chansons populaires de la Haute-Savoie.* Anneu-Abry, 1899, 1 vol. in-8° cart.

591. **Bigorne** (Ch.). — *Patois et locutions du pays de Beaune.* Beaune. Batault, 1891, 1 vol. in-8° dem. perc.

596. **Quellien** (N.). — *Chansons et danses des Bretons.* Paris, Maisonneuve, 1889, 1 vol. in-4° dem. perc.

659. **Tiersot** (Julien). — *Chansons populaires recueillies dans les Alpes françaises (Savoie et Dauphiné)*. Grenoble, Falque, 1903, 1 vol. in-4° dem. toile.

660. **Guillon** (Ch.). — *Chansons populaires de l'Ain*. Paris, 1883, 1 vol. in-4° demi-toile.

661. **Sallaberry** (J.-D.-J.). — *Chants populaires du pays basque*. Boyonne, Lamaignère, 1870, 1 vol. in-4° dem. rel.

662. **Rivarès** (Frederic). — *Chansons et airs populaires du Bearn*, 2e édition. Pau, Véronèse, 1868, 1 vol. in-4° dem. rel.

Poésies béarnaises avec la traduction française, lithographies et musique. Pau, Vignaucour, 1852, 1 vol. gr. in-8° cart.

663. **Keller und v. Seckendorff**. — *Volkslieder aus der Bretagne*. Tübingen, Fues, 1841, 1 vol. in-16 cart.

Guillerm (H.). — *Recueil de chants populaires bretons du pays de Cornouailles*. Rennes, Simon, 1905. 1 vol. in-16 cart.

Guillerm et Herrieu. — *Recueil de mélodies bretonnes*. Quimper, David, s. d. 1 vol. in-4° cart.

Huré (Jean). — *Chansons et danses bretonnes*. Angers, Metzner, 1902, 1 vol. in-8° cart.

664. **Hersart de la Villemarqué**. — *Barzac-Breiz. Chants populaires de la Bretagne*. Neuvième édit. Paris, Perrin, 1893, 1 vol. in-16 cart.

Quellieu (N.). — *Chansons et danses des Bretons*. Paris, Maisonneuve, 1889, 1 vol. in-4° dem. toile. Titre et faux titre déchirés.

Bourgeois (Alf.). — *Recueil d'airs de biniou et bombarde*. Rennes, Bossard, s. d., 1 vol. in-8° cart.

665. **Bourgault-Ducondray**. — *Trente mélodies populaires de Basse-Bretagne*, traduction par Fr. Coppée. Paris, Lemoine, 1885, 1 vol. in-4° dem. rel.

666. **Paris** (G.). et **Gevaert** (A.). — *Chansons du XVe siècle*. Paris, Didot, 1875, 1 vol. in-8° toile (Société des anciens textes français).

667. **Leroux de Liney**. — *Recueil de chants historiques français*. Paris, Gosselin, 1841-42, deux tomes en 1 vol. in-16 d. toile.

Nisard (Ch.). — *Des chansons populaires chez les anciens et chez les français*. Paris, Dentre, 1867, deux tomes en 1 vol. in-16 d. toile.

668. *Mémoires historiques sur Raoul de Coucy*. Paris, Pierres, 1871, in-16 pl. cuir. deux tomes en 1 vol. rel. Maroc. d'époque.

669. **Gasté** (A.). — *Les Vaux de vire de Jean Le Houe.* Paris, Lémere, 1875, 1 portr. (lettre manuscrite de l'auteur), 1 vol. in-18 drl.

670. **de Beaurepaire-Froment.** — *Bibliographie des chants populaires français.* Paris, Rouard, et Levolle, 1910, 1 vol. in-18 cart.

Hellouin (Fr.). — *Le Noël musical français.* Paris, Joassin, 1906, 1 vol. in-16 cart.

Les Noels et chansons de Nicolas Martin. Paris, Willem, 1883, 1 vol. in-32 cart.

Pelletier (abbé V.). — *Le Noël de Saint-Benoît et l'aguilanneuf des vignerons de Chateauneuf-sur-Loire.* Orléans, 1862, 1 vol. in-18 cart.

de la Monnoye (B.). — *Les Noëls Bourguignons.* Paris, Delahays, 1848, 1 vol. in-18 cart.

671. **Weckerlin** (J.-B.). — *La chanson populaire.* Paris Firmin-Didot, 1886, 1 vol. in-8° cart.

Weckerlin (J.-B.). — *L'ancienne chanson populaire en France.* Paris, Garnier, 1 vol. in-16 dem. toile.

672. **Doucieux** (George). — *Le romancero populaire de la France.* Avant-propos de J. Tiersot. Paris, Bouillon, 1904, 1 vol. in-4° cart.

Van der Straeten (Edm.). — *La mélodie populaire dans l'opéra Guillaume Tell,* de Rossini. Paris, Bour, 1879, 1 vol. in-8° cart.

Tiersot (J.). — *Les types mélodiques dans la chanson française.* Paris, Sagot, 1894, 1 vol. in-8° cart.

673. **Weckerlin** (J.-B.). — *Chansons populaires du pays de France.* Paris, Heugel, 1903, 1 vol. in-4° dem. rel.

674. **Jeanroy, Brandin** et **Aubry.** — *Lois et discours français du XIIIe siècle.* Texte et musique. Paris, Welter, 1901, 1 vol. in-4° cart.

Bordes (Ch.). — *Chansonnier du XVIe* siècle. (Répertoire des Chanteurs de Saint-Gervais), 1 album in-4° oblong dem. toile.

675. **Bordes** (Ch.). — *Trois chansons du XVe siècle.* Paris, 1 album in-4° oblong.

Chansonnier du XVIe siècle. (Répertoire des Chanteurs de Saint-Gervaix), 1 alb. in-4° oblong cart.

676. **Tiersot** (J.). — *Histoire de la chanson populaire en France.* Paris, Plon-Nourrit, 1889, 1 vol. in-8° dem. toile.

Weckerlin (J.-B.). — *La chanson populaire.* Paris, Firmin-Didot, 1886, 1 vol. in-8° dem. toile.

677. *Les plus jolies chansons du pays de France. Chansons tendres,* choisies par Catulle Mendes. Notées par Emm. Chabrier et Arm. Gouzier; illustrées par Luc. Metivet, Paris. Plon, S. d., 1 vol. in-4° toile.

678. *Echos de France.* Paris, Durand, S. d., 4 tomes en 2 vol. in-4° dem. rel.

679. *La chanson fran;aise du XVe siècle au XXe siècle.* Paris. Renaissance du livre, S. d., 1 vol. in-8° dem. rel.

Chansons des soldats de France, Musique de G. Fragerolle. Poésies et dessins de G. Tiret-Brognet. Paris, Flammarion, S. d. 1 vol. in-4° obl. cart.

680. **Weckerlin** (J.-B.). — *Echos du temps passé.* Paris, Durand, S. d., 1 vol. in-4° dem. rel.

681. **V. Stockhausen** (Ern.). — *Alt französische Volkslieder.* Leipzig, Breitkopff, S. d., 2 tomes en 1 vol. in-4° dem. rel.

Tiersot (J.). — *Mélodies populaires des provinces de France.* Paris, Heugel, S. d., 2 vol. in-4° dem. rel.

682. **Tiersot** (J.). — *Mélodies populaires des provinces de France.* Paris, Heugel, S. d., 6 tomes en 3 vol. in-4° dem. rel.

---

683. **de Laborde**. *Choix de chansons mises en musique ornées d'estampes en toile douce.* Rouen, Lemonnier, 1881, 4 album in-4° cart. (sur vélin).

---

684. *Dix-huit recueil de chansons bretonnes, vendéennes, bressannes, normandes, poitevines,* etc.

Trois recueils de Noëls anciens.

de Bousset (J.-B.). — *Recueil d'airs nouveaux sérieux et à boire.* Paris, Rouart, S. d. 3 br. in-fol.

685. **Mèhul**. — *Chant lyrique pour l'inauguration de la statue votée à S. M. l'empereur et roi.* S. L. ni d., 1 vol. in-fol. dem. rel. (édition ancienne.)

686. **Lamazon** (Pascal). — *Chants pyrénéens, dessin de G. Doré.* Paris, Lamazon, 1784, 1 vol in-fol. dem. rel.

687. **Willems** (J.-F.). — *Oude Vlaamsche liederen ten deele met de melodiën.* Gent, Gyselynck, 1848, 1 vol. in-8° mar. vert. rel. anc.

688. **Van Duyse** (Fl.). — *Het oude Nederlandsche lied.* S'Gravenhage, Nyhoff, 1903-1907, 3 vol. in-4° dem. rel.

689. **Van Duyse** (Fl.). — *Oude Nederlandsche liederen; melodiën uit de Sonterliedekens.* Gand, Annoot-Breeckman, 1889, 1 vol. in-8° dem. perc.

690. **Van Duyse** (Fl.). — *Nederlandsch liederboek uitgegeven door het Willems fonds. I Vaderlandsche en plaatselijke liederen.* Tweede uitgave. Gent, Vuylsteke, 1895, 1 vol. in-8° cart.

Deux brochures de Van Duyse (Fl) sur de vieilles chansons flamandes.

Van Duyse (.Fl). — *Het Eenstemmig fransch en nederlandsch wereldlyk lied in de Belgische gewesten van de XIe eeuw tot heden.* Bruxelles, Högen, 1896, 1 vol. in-8° dem. rel.

Van Duyse (Fl.). — *Dit is een suyverlyck Boecxken inhoudende oude nederlandsche geestelijke liederen.* Gent, Siffer, 1899, 1 vol. gr. in-8° cart.

691. **Fredericq** (Paul). — *Onze historische volksliederen van vóór de godsdienstige beroerten der XVIe eeuw.* Gent, Vuylsteke, 1894, 1 vol. gr. in-8° cart.

Bols (Jan). — *Honderd oude vlaamsche liederen met woorden en zangwijze.* Namur. Wesmael-Charlier, 1897, 1 vol. in-8° dem. toile.

Snellaert (F.-A.). — *Oude en nieuwe liedjes.* Gent, Rogghé, 1864, 1 vol. gr. in-8° cart.

692. **Wilder** (Victor). — *Chansons populaires flamandes des XV, XVI et XVIIe siècles.* Paris, Schott. s. d., 1 vol. in-4° dem. rel.

Lootens (Ad.). et **Feys** (J.-M.-E.). — *Chants populaires flamands avec les airs notés.* Bruges, Desclée, 1879, 1 vol. gr.-in-8° dem. rel.

693. **Van der Straeten** (Edmond). — *Les billets des rois de Flandre,* xylographie, musique, coutumes. Gand, Vuylsteke, 1892, 1 vol. in-8° cart. (avec hommage d'auteur).

Blyau (Alb.) et **Tasseel** (M.). — *Pepersch oud liedboek. Teksten en melodieën* Gent, Vuylsteke, 1900, 1 vol. in-8° demi-toile.

Six brochures sur la chanson populaire néerlandaise.

694. Deux brochures sur la chanson boraine.

Gheude (Ch.). — *La chanson populaire belge,* ill. de Knopff, Delville, Oleffe, etc. Bruxelles, Lamberty, 1907, 1 vol. in-4° cart.

Closson (E.). — *Notes sur la chanson populaire en Belgique.* Bruxelles, Schott, 1913, 1 vol. in-16 br.

---

695. **Antheunis** (G.). — *Leven, lieven en zingen.* Gand, Vuylsteke, 1880, 1 vol. in-16 cart.

Ruelens (K.). — *Refereinen en andere gedichten uit de XVIe eeuw.* Anvers, Kockx, 1879, 1 vol. in-8° d. toile.

---

696. *Vieilles chansons wallonnes et cramignons liégeois.* 1 album in-8° obl. cart. s. d.

Closson (E.). — *Chansons populaires franco-wallonnes.* Bruxelles, Schott, 1 vol. in-fol. drl.

Doutrepond (Aug.). — *Les Noëls wallons,* étude musicale de Closson et dessins d'Aug. Donnay. Liége, 1909, 1 vol. in-8° d. toile.

697. **Radoux** (Th.), **Dupuis** (A.) et **Radoux** (Ch.). — *Les vieilles chansons.* Bruxelles, Schott, 1 vol. in-fol. drl.

Jouret (Léon). — *Chansons du pays d'Ath.* Bruxelles, Schott, 1 vol. in-fol. drl.

Chansons wallonnes. 3 albums in-fol. cart. et br.

698. **Grégoir** (Ed.-G.-J.). — *Panthéon musical populaire. Chant populaires* 1 vol. in-8° d. toile.

Chansons internationales. Répertoire Pisuesse et Blokzyl, 1 vol. in-8° cart.

Samuel (Ad.). — *Livre de lecture musicale.* Paris, Lemoine, 1886, 1 vol. in-8° perc.

Aubry (P.). — *Esquisse d'une Bibliographie de la chanson populaire en Europe.* Paris, Picard, 1905, 1 vol. in-4° cart.

699. **Campbell** (Alex.). — *Albyn's anthology or a select collection of the melodies and vocal poetry peculiar to Scotland and the isles.* Edimburgh, 1818, 1 vol. in-fol. dem. rel.

700. **Glen** (John). — *The glen collection of scottish dance music.* Edinburgh, 1891-1895, 2 vol. in-fol. toile.

Twenty songd of Scotland with. New symphonies and accompaniments for the pianoforte. S. L. s. d., 1 vol. in-4° cart.

701. **Graham** (G.-F.). — *The songs of Scotland adapted to their appropriate melodies.* Edinburgh, 1848, 3 vol. in-4° toile.

702. **Ford** (Robert). — *Vagabond songs and ballads of Scotland.* Paisley, Gardner, 1904, 1 vol. in-16 toile.

Kidson (Frank). — *Traditional tunes, a collection of ballad airs.* Oxford, Taphouse, 1891, 1 vol. in-8° dem. rel.

Paterson (A.-B.). — *The old busch songs.* Sydney, Angus, 1905, 1 vol. in-16 toile.

703. *Caledonian musical repositoy a choice of schottisch songs.* London, Crosby, s. d. 1 vol. in-16 dem. rel.

704. **Petrie** (G.). — *The Petrie collection of the ancient music of Ireland.* Dublin, University press, 1855, vol. I in fol. toile.

705. **Fitzsimons** (Edw.). — *Irish minstrelsy.* London, s. d. 1 vol. in-fol. cart.

---

706. **Braham and Nathau.** — *A selection of Hebrew melodies.* London, 1815, 1 vol. in-fol. dem. rel.

---

707. Conran (M.). — *The national music of Ireland.* London, Johnson, 1850, 1 vol. in-16 toile.

Smith. (L.-A.) — *The music of the waters.* London, Kegan-Paul, 1888, 1 vol. in-8° toile.

Joyce (P.-W). — *Old irish folk musi and songs.* London, Longmans, 1909, 1 vol. in-8° toile et 1 br.

708. Hyde (D.). — *The religious sangs of Connacht.* Dublin, Gill. s. d. 1 vol. in-16. br.

V. Stockhausen (Ernst). — *Trische Volkslieder.* Liepzig, Breitkopf, 1 vol. in-4° dem. rel.

709. *Nederlandsch volksliederenboek.* Amsterdam, van Looy, 1897, 1 vol. in-4° cart.

Scheltema. —*Nederlandsche liederen.* Leiden, Brill, 1885, 1 vol. in-16.

Van Duysse (Fl.). — *Nederlandsch Liederboek,* 2 tomes en 1 vol. d. porte. Gand, 1895-98.

710. Scheltema (J.-H.). — *Nederlandsche Liederen uit Vroegeren tijd.* Leyde, Brill, 1885, 1 vol. in-16 toile.

Van Vlosen (J.).— *Het nederlandsche Vluchtspel van de XIV*e *tot de XVIII*e *eeuw.* Haarlem, De Graaf, 1678, 2 tomes, en 1 vol. d. toile.

Le Jeune (J.-C.-W.). — *Letterkundig overzigt en proeven van de nederlandsche volkszangen sedert de XV*e *eeuw.* 's Gravenhage, Immerzeel, 1828, 1 vol. in-8° cart.

711. Warstadt. (B.). — *Studenten-Liederen.* Utrecht, Van der Monde, 1 vol. in-8° obl. cart.

712. Camphuysen. — *Stichtelycke Rymen.* Amsterdam, Colom, 1647, 1 vol. in-8° obl. vélin + 1 vol. de musique in-16 vélin.

713. De Cock et Teurlinck. — *Kinderspel en Kinderlust in Zuid-Nederland.* Gand, Siffer, 8 vol. in-8° cart.

714. Coers (F.-R.). — *Liederboek van Groot-Nederland.* Amsterdam, Van Dishoeck, 4 vol. in-4° toile.

Old Songs of Ireland. London, Bossey, 4 vol. in-4° cart.

Mac Aodh o Neill. — *Songs of Vladh.* Belfast, 1904, 1 album in-4° br.

Appendice aux mélodies irlandaises de Th. Moore, trad. en vers français par H. Jousselin, préf. de J. Janin. Paris, Maillet, 1871, 1 vol. in-16 cart.

715. Reifferscheid (Alex.). — *Wesfdlische Volkslieder.* Heilbronn, Hennenger, 1879, 1 vol. in-4° cart.

Hartmann (Aug.). — *Volksschauspiele.* Leipzig, 1880, 1 vol. in-8° cart.

Hartmann (Aug.). — *Volkslieder,* 1er vol. : *Volks'samliche Wecnhachtlieder.* Leipzig, Breitkopf, 1884, 1 vol. in-8° cart.

Erk (L.). — *Deutscher Liederhort.* Leipzig, Breitkopf, 1890, 1 vol. in-8° cart.

716. **Hartmann** (Aug.). — *Volksschauspiele.* Leipzig, 1880, 1 vol. in-8° cart.

Wolfram (E.-H.). — *Nassanische Volkslieder.* Berlin, Siegismund, 1894, 1 vol. in-8° cart.

Pailler (W.). — *Weihnachtlieder aus oberösterreich.* Innsbruck. Wagner, 1881, 1 vol. in-8° d. toile.

717. **Pommer** (J.). — *Iodler und swhezer aus Steiermark.* Wien, Rorich, 3 vol. in-32 cart.

Hoffmann von Fallersleben et **E. Richter**. — *Schlesische volkslieder mit melodien.* Leipzig. Breitkopf, 1842, 1 vol. in-8° percal.

von Ditfürth (Fr.-W.). — *Fränkische Volkslieder.* Leipzig, 1855, 2 tomes en 1 vol. 8° toile.

718. **Duncan** (Edmondstoune). — *The story of the Carol.* London, W. Scott, 1911, 1 vol. in-16 toile.

Hammond. — *Folk-Songs from Dorset.* London, Novello, 1908, 1 vol. in-fol. drl.

Gould and Sheppard. — *Songs of the west.* London, Methuen, 1 vol. in-4° d. toile.

Böhme (Fr.-M.). — *Origine gefänge von Troubadours und Minnesingern des* 12-14 *Jhdts.* Mainz, Schott, s. d. 1 vol. in-fol cart.

719. **Chappell** (W.). — *Old english popular music.* New édition by H. Ellis Wooldridge. London, Chapell, 1893, 2 vol. in-4° toile.

720. **Jones** (Edw.). — *The bardic museum of primitive british literature.* London, Strahan, 1802, 1 vol. in-fol. dem. rel.

721. **Jones** (Edw.). — *Musical relicks of the welsh bards.* London, 1880, 1 vol. in-fol. dem. rel.

722. **Rimbault** (E.-F.). — *The ancient vocal music of England.* London, Novello, s. d. 1 vol. in-fol. dem. rel. (hommage d'auteur).

723. *Boosey's musical cabinet n° 78 et 42.* London, 2 br. in-4° cart.

Kieser (J.-C.). — *The national Melodist.* Edimburgh. Nimmo, s. d., 1 vol. in-4° toile.

Wilson (H.-L.). — *Old english Melodies.* London, Boosey s. d., 1 vol. in-4° dem. rel.

724. **Gummere** (Fr.-B.). — *The popular ballad.* London, Constable, 1907, 1 vol. in-16 toile.

Certeux (A.). — *Les cris de Londres au XVIIIe siècle.* Paris, Chamuel, 1893, 1 vol. in-16 cart.

725. *Folk songs from Somerset.* London, Simpkin, 1908, 1 vol. in-4° dem. toile.

726. **Dodge** (J.). — *Twelve Elizabetian song.* London, Bullen, 1902, 1 vol. in-fol. cart.

Bennett (Nic). — *The Lays of my Land.* London. Bayley, s. d. 1 vol. in-fol. perc.

727. **Bourgault-Ducoudray.** — *Souvenirs d'une mission musicale en Grèce et en Orient.* Paris, Hachette, 2 br. cart.

Closson (Ern.). — *Chansons populaires des provinces belges.* Bruxelles, Schott, s. d., 1 vol. in-4° dem. rel.

728. **Asenjo Barbieri** (Fr.). — *Cancionero musical de les sigeos XVYXVI.* Madrid, s. d., 1 vol. in-fol. toile.

729. **Velaz de Medrano** (Ed.). — *Album de la Zarzuela.* Madrid, 1857, 1 vol. in-4° toile (hommage de l'auteur).

Olmeda (F.). — *Folk-Lore de Castella y Concianero popular de Burgos.* Séville, 1903, 1 vol. in-4° cart.

730. **Moullé** (Ed.). — *Trente-trois chants populaires de l'Espagne.* Paris, Moullé, 1904, 1 vol. in-fol. dem. toile.

Proust (Antonin). — *Chants populaires de la Grèce moderne.* Niort, Mercier, 1866, 1 vol. in-16 cart.

Masfons y Labros (Fr.). — *Lo Rondallayre, quentos populars catalans.* Barcelone, Verdague, 1871, 1 vol. in-18 cart.

731. **Yafil** (E.-N.). — *Répertoire de musique arabe et maure.* Alger, Yafil, 1 album in-fol. dem. rel.

Christianowitsch (Alex.). — *Esquisse historique de la musique arabe au temps anciens.* Cologne, Dumont-Schauberg, 1863, 1 vol. in-fol. cart.

732. **Salvador** (Daniel). — *Album de chansons arabes, mauresques et kabyles.* Paris, Richault, S. d., 1 vol. in-fol. cart.

733. **Launis** (Armas). — *Lappische Juoigos-melodien.* Helsingfors, 1908, 1 vol in-8° dem. toile.

Thuren (H.-Jalmar). — *On the Eskimo music in Greenland.* Copenhague, 1911, 1 vol. in-8° dem. toile.

734. **Hatherly** (S. G.). — *A Treatise of Byzantine music.* London, Gardner, 1892, 1 vol in-4° toile.

Christianowitsch (Alex.). — *Esquisse historique de la musique* *arabe aux temps anciens.* Cologne, Dumont-Schauberg, 1863. 1 vol. in-4° cart.

Castro. — *Su Séguidelles.* Paris, S. d. 1 album in-8° obl.

Parisot (dom J.). — *Musique orientale.* Paris, Schola Cantorum, 1898, 1 vol. in-8° cart.

735. **Pernot** (H.). — *L'île de Chio*, ill. Paris, Maisonneuve, 1903, 1 vol. in-8° dem. toile.

Blin (R.-P.). — *Chants liturgiques des Coptes.* Le Caire, 1888, 1 album in-fol. br.

Badet (R.-P.). — *Chants liturgiques des Coptes.* Deux albums in-4° cart.

736. *Quatre brochures in-fol. sur la chanson japonaise.*

Trois brochures sur la chanson égyptienne, serbe et brésilienne, in-fol.

737. **Loret** (V.). — *Documents relatifs à la littérature et à la musique populaire de la Haute Egypte.* Paris, Leroux, 1885, 1 vol. in-fol. cart.

738. **Ibacra** (D.). — *Coleccion de Bailes de Sala.* Mexico, Chavez, 1862, 1 vol. in-8° cart.

Génin (Aug.). — *Notes sur les danses, la musique et les chants des Mexicains anciens et modernes.* Paris, Leroux, 1913, 1 vol. in-4° cart.

739. *Mittheilungen des Seminars für Orientalische Sprachen.* Jahrgang III, 1e Abt. Berlin, 1900, 1 vol. gr. in-8° cart. (documents sur la musique japonaise.)

740. **Jones** (Ed.). — *Lyric airs.* London, 1804, 1 vol. in-fol. dem. rel.

741. **Gagnon** (Ern.). — *Chansons populaires du Canada.* Québec, Darveau, 1900, 1 vol. in-8° cart.

742. **Schuré** (Ed.). — *Histoire de lied ou la chanson populaire en Allemagne.* Paris, Sandoz, 1876, 1 vol. in-16 dem. toile.

743. **Reickmann** (Aug.)— *Das deutsche Lied.* Cassel, Bertram, 1861, 1 vol. ni-8° dem. toile.

744. **Uhland** (L.). — *Alte hoch- und niederdeutsche Volkslieder.* Stuttgart, 4 tomes en 2 vol. in-16 toile.

von Soltau (Fr.-L.). — *Deutsche historische Volkslieder.* Leipzig, Mayer, 1856, 1 vol. in-16 dem. toile.

745. **Nicholson** (Fr.-C.). — *Old German love songs.* London, Fisher Unwin, 1907, 1 vol. in-8° toile.

Blümml (E. K.) — *Erotische Volkslieder aus Deutsch-Osterreich.* Privatdruck, S. d., 1 vol. in-16 cart.

746. *Trois brochures sur la chanson allemande.*

747. **Bourgault-Ducoudray.** — *Trente mélodies populaires de Grèce et d'Orient.* Paris, Lemoine, S. d., 1 vol. in-4° dem. rel.

748. **Boyadjian** (G.). — *Chants populaires arméniens.* Paris, Demets, S. d., 1 vol in-fol. cart.

749. **Bianchini** (P.). — *Les chants liturgiques de l'église arménienne.* Paris, Heugel, 1877, 1 vol. in-4° cart.

750. **Ocon** (Eduardo). — *Cantos Espanoles* (texte espagnol et allemand). Malaga, 1874, 1 vol. in-4° dem. rel. (hommage de l'auteur.)

Lacombe (P.) et **Puig y Alsubile** (J.). — *Echos d'Espagne. Chansons et danses populaires.* Paris, Durand, S. d., 1 vol. in-4° dem. rel

751. **Yradier.** — *Chansons espagnoles.* Paris, Heugel, S. d., 1 vol. in-4° dem. rel.

752. *Musikalisher Lausschatz, eine Sammlung von über* 1160 *Liedern und Gesängen mit singweisen und klavierbegleitung. Verlof des « Musichalis » den hausschatz Coln.* 1 vol. in-8° cart. éditeur.

753. **Chopin** (F.). — *Mélodies polonaises.* Paris, Maho, 1 vol. in-8° dem. rel.

Chansons nationales des Slaves du Sud. Agram, 1883, 4 vol. in-8° dem. rel.

754. **Tarenne** (Georges), *Recherches sur les ranz des vaches.* Paris, Louis, 1813, 1 vol. in-8° dem. rel.

Gauchat (L.). — *Etude sur le ranz des vaches fribourgeois.* Zurich, Zürcher et Furner, S. d., 1 vol. in-4° cart.

755. *Recueil de Ranz des Vaches et de chansons nationales suisses.* Berne, Burgdorfer, 1818, 1 album in-8° obl., dem. toile.

756. *Les Délices de la Suisse ou choix de ranz des vaches.* Bâle, Knop, s. d., 1 vol. in-4° drl.

Chansons de la vieille Suisse. Harmonisées par G. Doret. Lausanne, Poetisch, 1 alb. in-4° br.

757. **Dalmas.** — *Nouveau choix d'airs russes, ukrainiens, kosaques, etc.* St-Petersbourg, Dalmas, 1 vol. in-fol. dem. rel.

Sept numéros de l'Echo musical avec l'étude de L. Wallner. *De la poésie et de la musique populaire de l'Ukraine.* 1 farde in-4°.

758. **Whishaw** (Fr.-J.). — *First album of Russian songs.* London, Boosey, 1893, 1 vol. in-4° dem. rel.

759. **Lineff** (Eug.). — *The peasant songs of great Russia.* St-Petersbourg, Nutt, 1 vol. in-fol. cart.

759. Whishaw (Fred.). — *Album of Russian songs.* London, Lucas, 1892, 1 vol. in-fol. cart.

760. Berggreen (A.-P.). — *Folke sange og melodier Faeorelandske og Fremmede.* Copenhague, 1861, 1 vol. in-4° obl. dem. toile.

761. Paris. (Gaston) — *Les chants populaires du Piemont.* Paris, Imprimerie nationale, 1890, 1 vol. in-fol. cart. (avec hommage d'auteur).

Gordigiani (L.). — *Echos de la Toscane.* Paris, Choudens, 1 vol. in-4° drl.

762. de Meglio (V.). —50 *celebri canzoni popolari napolitane.* Milano, Ricardi, 1 vol. in-8° cart.

David (Ernest). — *Etudes historique sur la poésie et la musique dans la Cambrie.* Paris, Impr. Nationale, 1884, 1 vol. in-4° d. toile.

763. *Udvalgte Danske Biser.* Copenhague, 1812-1814, 5 tomes en 4 vol. in-16 dem. rel.

764. *Danmarks Melodibog,* 900 danske Sange. Copenhague, Hansen, s. d. 3 vol. in-4° cart.

765. Thuren (Hjalmar). — *Folkesangen paa Faergerne.* Copenhague, Host, 1908, 1 vol. in-4° cart.

766. Kraus (Allessandro-figlio). — *Appunte sulla musica dei popoli nordici.* Firenze, Laudi, 1907, 1 vol. in-8° cart.

Norges melodier for pianoforte. Copenhague, Hansen, s. d. 1 vol. in-4° cart.

767. Hägg (G.).— 50 *Svenska Folkvisor.* Stockholm, Gehrmans, s. d., 1 vol. in-fol. dem. rel.

100 *Svenska Folkvisor.* Stockholm, Lundonist, s. d. 1 vol. in-4° dem. rel.

768. Lindeman (Ludw. M.). — *Ælde og nyere Norske Fjefdmelodier.* Kristiania, Warmuths, s. d., 2 vol. in-fol. dem. rel.

769. Peterson-Berger (Wilh). — *Svensk folkmusik.* Stockholm, s. d., 1 vol. in-fol. dem. rel.

Ahlström och Boman. — *Walda Svenska folksånger, folkdansar och folklekar.* Stockholm, Hirsch, s. d., 1 vol. in-fol. toile.

Fosterländsk musik. Stockholm, s. d., 1 vol. in-fol. dem. rel.

770. Quatorze recueils de chansons et de danses populaires suédoises. Formats divers.

771. Quatre recueils de chansons et de danses populaires norvégiennes. In-fol. cart.

772. Berggreen (A.-P.). — *Folke-Sange of melodier.* Copenhague, 1861, 1 vol. in-4° obl. cart.

773. Das Rütli. — *Ein liederbuch für männergisang.* St-Gallen, Sondeiegger, 1870, 1 vol. in-16 cart.

774. The musical world, 14e *année,* 1848-1857 et 1863-1866.

775. Revue musicale, publiée par Fétis, 1828-1831, 5 vol. in-8° br.

776. Revue et gazette musicale de Paris, 1 vol. in-4° drl.

777. S. I. M., 1907 à 1914, vol. in-8° d. toile.

778. L'année musicale. Paris, Alcan, 1911-1912, 3 vol. in-8° d. toile.

779. Le Diapason, Revue musicale de Bruxelles, 1850-51, 1 vol. in-4°, cart.

780. Guide musical (le). 1855-1914, 27 vol. rel. (+ 3 vol. en double).

781. Comœdia illustré. 1908-1914. 8 vol. in-4° toile.

782. Musica. 1902-1913, 10 vol. in-fol. + 12 vol. d'album **Musica.**

783. Revue internationale de musique. 1898-1899. 2 vol. in-4° d. toile.

784. Musical Antiquary. 1909-1913, 3 vol. in-8° d. toile.

785. Revue du monde musical et dramatique. 1880-1881. 4 vol. in-8°, cart.

786. Semaine musicale (la). 1865-1866-1867. 1 vol. in-fol. drl.

787. Gazette Musicale de Paris. 1834-1853, 43 vol. in-4° et in-fol. drl.

788. Ménestrel (le). 1833-1909. 59 vol. in-fol. (manque 1836 à 1842 et 1842 à 1856).

789. L'Art Musical. Paris, Léon Escudier, directeur, 12e *année,* 1873. 25e *année* 1886, 12 vol. in-fol. dem. rel. + 2 *années* non reliées.

790. La France musicale. Paris, 5e *année* 1842, jusque 1846. 6 vol. in-fol. in-4°.

791. La Musique. Gazette de la France musicale. Paris, Escudier, 1850, 1 vol. in-fol. drl.

792. L'Echo musical. Bruxelles, Mahillon, dir. 1re *année* 1869 jusque 1895 (25e *année*) 15 vol. gr. in-4° d. toile.

793. Zeitschrift der Internationalen Musik- gesellschaft. 1re *année* 1895 jusque juin 1914 (15e *année*), 15 vol. in-8° d. toile.

794. La Chronique musicale. Dir. Heulard. Paris, 1re *année* 1873, 2 vol. in-4° cart. (+ 1 exemplaire en fascicules).

795. **La Musique populaire.** Paris, 1re *année* 1881-82 jusque 1899-90 (9e *année*) 9 vol. in-fol. dem. perc.

796. **La Renaissance Musicale.** Paris, 1re *année* 1881 et 2e *année* 1882, 2e vol. in-fol., dem. rel.

797. **Le Journal musical.** Paris, no 1, mai 1896, jusqu'à 24 décembre 1898, 3 vol. in-4o dem. perc.

798. **Le Journal de musique.** Paris, 1re *année*, 1876-1877 et 1877-78, 2 vol. in-fol., dem. rel.

799. **Sammelbande der internationalen musik-gesellschaft.** Leipzig, Breitkopf, 1re *année*, 1899-1900 jusque 15e *année* 1913-1914 (manque 2e *année*).

800. **Le Plein Chant.** Revue mensuelle de musique sacrée. Paris, 1860-1869, 5 vol. in-4o, dem. perc.

801. **Die Musik.** — Ed. *Bern. Schutser.* Berlin et Leipzig, Schuster et Loeffler, 1re *année* 19001-1904. 27 vol. in-4o, d. toile.

802. **La Revue musicale.** Paris, Welter, 2e *année*, 1902, 1 vol in-4o, dem. perc.

BIBLIOTHÈQUE
MUSICALE

PARTITIONS MODERNES

Toutes en éditions d'avant guerre
à de rares exceptions
magnifiquement
reliées

BIBLIOTHEQUE MUSICALE

PARTITIONS MODERNES

ABRÉVIATIONS : P = Piano, C = chant, F = texte français, A = texte allemand, I = texte italien, Angl. = texte anglais, L = texte latin, Flam. = texte flamand.

Presque toutes ces partitions sont magnifiquement reliées de façon uniforme. Dos et coins chagrin rouge, dos á cinq nervures. Le nom H. Colard au bas du dos.

1. **Abeille** (L.). — *Amor und Psyche.* Obl. P. C. A.
Abert. — *Astorga.* In-8°. P. C. F.
Adam. — *Le Déserteur.* In-8°. P. C. F.
Adam. — *Le Farfadet.* In-8°. P. C.
Adam. — *Giralda.* In-8°. P. C.

2. **Adam.** — *Le Brasseur de Preston.* In-8°. P. C. F.
Adam. — *Cagliostro.* In-8°. P. C. F.
Adam. — *Le Chalet.* In-8° P. C.
Adam. — *Le Houzard de Bercchini.* In-8°. P. C.
Adam. — *Le Muletier de Tolède.* In-8°. P. C.
Adam. — *Le Postillon de Longjumeau.* In-4° P. C. F. et A.

3. **Adam.** — *Les Pantins de Violette.* In-8°. P. C. F.
Adam. — *Richard en Palestine.* In-8°. P. C. F.
Adam. — *Le Roi d'Yvetot.* In-8°. P. C.
Adam. — *Si j'étais Roi.* In-8° P. C. F.
Adam. — *Le Sourd.* In-8° P. C. F.
Adam. — *Le Toréador.* In-8°. P. C. F.

4. **Abert** (J.-J.). — *Ekkehard.* In-8°. P. C. A.
Albeniz. — *Pepita Jimenez.*
Anthiome (A.). — *Le Roman d'un jour.* In-8° P. C. F.
Auber. — *La Barcarolle.* In-8° P. C. F.
Auber. — *La Bergère châtelaine.* In-8° P. C. F.
Auber. — *Le Cheval de Bronze.* In-8°. P. C. F.

5. **Auber**. — *La Circassienne.* In-8° P. C. F.
Auber. — *Les Chaperons blancs.* In-8° P. C. F.
Auber. — *Les Diamants de la Couronne.* In-8°. P. C. F.
Bach. — *La Passion selon Saint-Mathieu.* In-8°. P. C.

6. **Auber**. — *Fra Diavolo.* In-8°. P. C. A.-I.
Auber. — *La Fiancée du Roi de Garbe.* In-8°. P. C. F.
Auber. — *Emma.* In-8°. P. C. F.
Auber. — *Le Dieu et la Bayadère.* In-8°. P. C. F.
Bach. (J.-S.). — *Passion selon St Mathieu Gevaert.*

7. **Auber**. — *Le Maçon.* In-8°. P. C. F.
Auber. — *Le Domino noir.* In-8° P. C. F.
Auber. — *Manon Lescaut.* In-8°. P. C. F.
Auber. — *Leicester.* In-8° P. C. F.
Auber. — *Jenny Bell.* In-8°. P. C. F.

8. **Auber**. — *La Muette de Portici.* In-8°. P. C. F.
Auber. — *La Sirène.* In-8°. P. C. F.
Auber. — *Zanetta.* In-4°. P. C. F.-A.
Auber. — *Zerline ou la Corbeille d'oranges.* In-8°. P. C. F.
Auber. — *Fiorella.* Obl. P. C. F.-A.

9. **Auber**. — *Rêve d'Amour.* In-8° P. C. F.
Auber. — *Le Premier jour de bonheur.* In-8°. P. C. F.
Auber. — *Le Philtre.* In-8°. P. C. F.
Auber. — *La Part du Diable.* In-8°. P. C. F.
Auber. — *Marco Spada.* In-8°. P. C. F. A.
Auber. — *Masaniello.* In-8° P. C. A. I. L.

10. **Bach** (J.-S.). — *Choix de Chorals,* annotés par Ch. Gounod. In-8°. P.

Bach (J.-S.). — Cantate : *Ich hatte viel Behümmerniss.* A. *Gottes Zeit ist der allerbeste Zeit.* A. *Magnificat.* L. 4 *Sanctus.* L. *Weihnachts Oratorium.* A. In-8° P. C.

Bach (J.-S.). — *Grande Messe en* Si *mineur. Messe en* fa *majeur. Messe en* la *majeur. Messe en* sol *mineur. Messe en* sol *majeur.* 2 vol. in-8°.

11. **Audran**. — *La Chercheuse d'Esprit.* In-8°. P. C. F.
Audran. — *Les Noces d'Olivette.* In-8°. P. C. F.
Balfe. — *The Bohemian Girl.* In-8°. P. C. Angl.
Balfe (M.W.). — *Moro or the Painter of Antwerp.* In-8°. P. C. Angl.
Balfe. — *Le Puits d'Amour.* In-8°. P. C. F.
Barbier. — *Les Oreilles de Midas.* In-8° P. C. F.
Barnett (J.-F.). — *The ancient Mariner.* In-8°. P. C. Angl.
Bazin. — *Madelon.* In-8° P. C. F.
Bazin. — *Maître Pathelin.* In-8° P. C. F.

12. **van Beethoven**. — *Fidélio.* In-8°. P. C. A. Angl.
Becker (Albert). — *Reformations Cantate.* In-8°. P. C. A.

Becker (Albert). — *Grosse Messe.* In-8°. P. C. L.
Beer (Jules). — *La Fille d'Egypte.* In-8°. P. C. F.
Bazin. — *La Saint-Sylvestre.* In-8°. P. C. F.
Bazin. *Le Voyage en Chine.* in-8°. P. C. F.

13. **Benda** (F.-L.). — *Louise.* Obl. P. C. A.
Benda (G.). — *Medea.* Obl. P. C. A.
Benda (G.). — *Romeo und Julie.* Obl. P. C. A.
Benedict. — *The Lily of Hillarney.* In-8°. P. C. Angl.
Bellini. — *La Somnambule.* In-8°. P. C. F.
Bellini. — *J. Puritain.* Obl. P. C. I.
van Beethoven. — *Les Ruines d'Athènes.* In-8°. P. C. F.

14. **Beethoven** (L. van). — *Fidelio.* Ed. Heugel. In-8°. P. C. F.
Bellini. — *Béatrice.* In-8°. P. C. I.
Bellini. — *Il Pirata.* In-8°. P. C. I.
Bellini. — *La Stramèra.* In-8°. P. C. I.

15. **Beaujoyeulz.** — *Le Ballet Comique de la Reine.* In-8°. P. C. F.
Benoît (Peter). — *Lucifer.* In-8°. P. C. Angl. Flam. (2 exempl.)
Benoît (Pierre). — *Het Meilief.* In-8°. P. C. Flam.
Benoît (Peter). — *De Rhyn.* In-8°. P. C. A. Flam.
Benoît. — *Rubens Cantate.* In-8°. P. C. F. A. Flam.
Berleur. — *Les Enfants du Proscrit.* In-8°. P. C. F.

16. **Berlioz** (Hector). — *Les Troyens.* In-8°. P. C. F. (édition en 2 vol.).

17. **Berlioz.** — *Les Troyens à Carthage.* In-8°. P. C. F. (édition en 1 volume).

18. **Berlioz.** — *Béatrice et Bénédict.* In-8°. P. C. F.
Berlioz. — *Benvenuto Cellini.* In-8°. P. C. F.
Berlioz. *Lelio.* In-8°. P. C. F.

19. **Berlioz.** — *L'Enfance du Christ.* In-8°. P. C. F. Angl.
Berlioz (Hector). — Trente-deux mélodies. In-8° P. C. F. A.
Berlioz. — *Grande Messe des Morts.* In-8° P. C. L.
Berlioz. — *Roméo et Juliette.* In-8° P. C.

20. **Berlioz.** — *La Damnation de Faust.* In-8°. P. C. F. A.

21. **Beethoven.** — *Fidelio.* Version Kufferath. Ed. Breitkopf.
Béon. — *Maïmouna* (ballet).
Berton. — *Aline.* In-8° P. C. F.
Berton. — *Montano et Stéphanie.* In-8° P. C. F.
Bizet. — *Djamileh.* In-8°. P. C. F.

22. **Blockx** (Jan). — *Milenka.* Ballet. In-8°. P.
Blockx (Jan). — *Princesse d'Auberge.* In-8°. P. C. F.
Blockx (Jan). — *Thyl Uylenspiegel.* In-8° P. C. F.

23. **Bizet.** — *Les Pêcheurs de Perles.* In-8°. P. C. F.

Blanc. — *Rebecca à la fontaine.* In-8°. P. C. F.
C. Blanc et L. Dauphin. — *Sainte Geneviève.* In-8°. P. C. F.
Blin (Adolphe). — *Hermine.* n-8°. P. C. F.
Boïeldieu. — *Le Bouquet de l'Infante.* In-8°. P. C. F.

24. **Bizet** (L.). — *La Jolie fille de Perth.* In-8°. P. C. F.
Bizet. — Seize mélodies. In-8°. P. C. F.
Bizet. — Mélodies. In-8°. P. C. F.
Bizet. — Œuvres posthumes. Marche funèbre *Roma.* In-8°. P. C.

25. **Bizet.** — *L'Arlésienne.* In-8°. P. C. F.
Blockx (J.). — *Fiancée de la Mer.*

26. **Bizet.** — *Carmen.* In-8°. P. C. F.

27. **Boïeldieu.** — *Le Petit Chaperon Rouge.* In-8°. P. C. F.
Boïeldieu. — *Ma tante Aurore.* In-8°. P. C. F.
Boïeldieu. — *Le Nouveau Seigneur du Village.* In-8°. P. C. F.
Boïeldieu. — *Jean de Paris.* In-8°. P. C. F.
Boïeldieu. — *La Dame blanche.* In-8°. P. C. F.
Boïeldieu. — *Le Calife de Bagdad.* In-8°. P. C. F.

28. **Bourgault-Ducoudray.** — *Stabat-Mater.* In-8° P. C. L.
Bourgault-Ducoudray. — *La Conjuration des Fleurs.* In-8° P. C. F.
Boulanger. — *Don Mucarade.* In-8° P. C. F.
Bouéry (*André*). — *Mélodies espagnoles.* In-8°. P. C. F.
Bordier (I.). — *Un Rêve d'Ossian.* In-8°. P. C. F.
de Boisdeffre. — *Les Martyrs.* In-8°. P. C. F.

29. **Brahms.** — *Requiem.* In-8°. P. C. F. A.
Bousquet (Georges). — *Tabarin.* In-8°. P. C. F.
Bourgault Ducoudray. — *Thamara.* In-8°. P. C. F.
Cadaux. — *Les deux Jaket.* In-8°. P. C. F.
Cadaux. — *Colette.* In-8°. P. C. F.

30. **Bruneau** (Alfred). — *L'attaque du Moulin.* In-8°. P. C. F.

31. **Bruneau** (Alfred). — *Le Rêve.* In-8°. P. C. F.
Bruneau. — *L'Ouragan.* P. C. F.
Bruneau (Alfred). — *Messidor.* In-8°. P. C. F.
Bruneau (Alfred). — *Kérim.* In-8°. P. C. F.
Bruneau. — *Enfant-roi.*

32. **Boïeldieu.** — *Les voitures versées.* In-8°. P. C. F.
Boisselot. — *Mosquita la Sorcière.* In-8°. P. C. F.
Boïto. *Méphitophélès.* In-8°. P. C. F.

Boito. — *Mefistofele.* In-8°. P. C. I.
Bruch (Max). — *Arminius,* oratorio. In-8°. P. C. A. Angl.

33. **Burgmein** (E.). — *La Nativité.* In-8°. P. C. I.
Bucalossi (P.). — *Manteaux Noirs.* In-8°. P. C. Angl.

Bruneau (Alfred). — *Les Lieds de France*. In-8°. P. C. F.
Campra. — *Les Fêtes vénitiennes*. In-8°. P. C. F.
Campra. — *L'Europe galante*. In-8°. P. C. F.
Broutin (C.). — *La Fille de Jephté*. In-8°. P. C. F.

34. **Cambert**. — *Pomone*. In-8°. P. C. F.
Cambert. — *Les peines et les plaisirs de l'amour*. In-8°. P. C. F.
Cahen. — *Endymion*. In-8°. P. C. F.
Cahen. — *Le Bois*. In-8°. P. C. F.
Cagnoni (Antonio). — *Papa Martin*. In-8°. P. C. I.
Cagnoni (Antonio). — *The Porter of Havre*. In-8°. P. C. Angl. I.

35. **Carissimi** (G.). — *Jephta*. In-8°. P. C. L. A.
Carafa. — *Le Valet de chambre*. In-8°. P. C. F.
Campra. — *Tancrède*. In-8°. P. C. F.
Carafa. — *Masaniello*. In-8°. P. C. F.
Carafa. — *La Solitaire*. In-8°. P. C. F.

36. **Cherubini**. — *Lodoïska*. In-8°. P. C. F.
Cherubini. — *Les deux journées*. In-8° P. C. F.
Cherubini. — *Demophon*. In-8°. P. C. F. A.
Cherubini. — *Messe solennelle en si b maj. Litanie de la Sainte-Vierge. Messe solennelle en sol maj. Messe solennelle en mi maj. Sciant Gentes. Adjutor in opportunetatibus. O Salutans*. In-8° P. C. L.

37. **Chaumet**. — *Bathylle*. In-8° P. C. F.
Chassaigne. — *Le Droit d'Ainesse*. In-8°. P. C. F.
Chapuis. — *Enguerrande*. In-8°. P. C. F.
Catel. — *Les Bayadères*. In-8°. P. C. F.
Charpentier (G.). — *Didon*. In-8°. P. C. F.

38. **Chabrier**. — *L'Etoile*. In-8°. P. C. F.
Chabrier. — *Gwendoline*. In-8°. P. C. F.
Chabrier (Emman.). — *Le Roi malgré lui*. In-8°. P. C. F.
Chabrier. — *La Sulamite*. In-8°. P. C. F.
Chabrier. — *Une éducation manquée*. P. C.
Chaminade (Cécile). — *Les Amazones*. In-8°. P. C. F. A.

39. **Charpentier** (Gustave). — *Louise*. In-8°. P. C. F.

40. **Charpentier** (Gustave). — *Le Couronnement de la Muse*. In-8°. P. C. F.
Charpentier (M.-A.). — *Le Malade imaginaire*. In-8°. P. F.
Chausson (Ernest). — *La Légende de Sainte-Cécile*. In-8° P. C. F.
Charpentier (Gustave). — *La Vie du Poète*. In-8°. P. C. F.
Chausson (Ernest). — *Roi Arthus*. P. C. L.

41. **Cohen**. — *Maître Claude*. In-8°. P. C. F.
Cohen. — *Les Bleuets*. In-8°. P. C. F.
Colasse. — *Thétis et Pélée*. In-8°. P. C. F.
Colasse. — *Les Saisons*. In-8°. P. C. F.
Cur (César). — *Le Flibustier*. P. C.

42. **Chesneau** (Carl.). — *Vasco de Gama*. In-8°. P. C. F.
Chouders. — *Graziella*. In-8°. P. C. F.
Choudens (Antony). — 20 mélodies. In-8°. P. C. F.
Cimarosa. — *Gli Orazi e I Curiazi*. In-8°. P. C. I.
Cimarosa. — *Il Natrimonio per Raggiro*. Obl. P. C. A. I.

43. **Clapisson**. — *Fanchonette*. In-8°. P. C. F.
Clapisson. — *Margot*. In- P. C. F.
Clapisson. — *Les Mystères d'Udolphe*. P. C. F.
Clapisson. — *La Promise*. P. C. F.
Clapisson. — *Le Sylphe*. P. C. F.
Clapisson. — *Les Trois Nicolas*. P. C. F.

44. **Colbert** (N.). — *Les oies de Frère Philippe*. In-8°. P. C. F.
Colbert (N.). — *Les Racoleurs*. In-8°. P. C. F.
Colbert (N.). — *La Sérénade*. In-8°. P. C. F.
Conrardy (Jules). — *Le Loup Garou*. In-8°. P. C. F.
Coquard (A.). — *Le Mari d'un Jour*. In-8°. P. C. F.
Cornelius (Peter). — *Der Barbier von Bagdad*. In-8°. P. C. A.
Cui (César). — *Le Prosinnier du Caucasse*. In-8°. P.
Costé. — *Les horreurs de la Guerre*. In-8°. P. C. F.
Costé. — *Les Charbonniers*. In-8°. P. C. F.

45. **Dalayrac**. — *Camille ou le Souterrain*. In-8°. P. C. F.
Dalcroze (Jacques). — *Sancho*. P. C.

46. **Dall'Argine**. — *Speranza*, ballet. In-°. P.
Dautresme (L.). — *Cardillac*. In-8°. P. C. F.
David. — *La Captive*. In-8°. P. C. F.
David. — *Christophe Colomb*. In-8°. P. C. F.
David. — *Le désert*. In-8°. P. C. F.
David. — *L'Eden*. In-8°. P. C. F.
De Bussy (Claude). — *Enfant prodigue*. P. C.

47. **Dargomyschki**. — *Russalka*. In-8°. P. Solo.
Dargomyschki. — *Russalka*. In-8°. P. C. Russe.

48. **De Bussy** (Claude). — *Pelleas et Mélisande*. P. C.

49. **Delibes** (Léo). — *Jean de Nivelles*. In-8°. P. C. F.
Delehelle. — *Monsieur Polichinelle*. In-8°. P. C. F.
Dejazet. — *Fanchette*. In-8°. P. C. F.
Deffès. — *Les Noces de Fernande*. In-8°. P. C. F.
Deffès. — *Les Bourguignonnes*. In-8°. P. C. F.

40. **Deffès** (L.). — *B oskovano*. In-8°. P. C. F.
Debillemont. — *Astaroth*. In-8°. P. C. F.
David. *Le Saphir*. In-8°. P. C. F.
David. — *La Perle du Brésil*. In-8°. P. C. F.
De la Nux (V.). — *Judith*. In-8°. P. C. F.

51. **David** (Félicien). — *Perle du Brésil*. P. C.
David (F.). — *Moïse au Sinaï*. In-8°. P. C. F.

David. *Cinquante Mélodies*. In-8°. P. C. F.
David. — *Lalla Roukh*. In-8°. P. C. F.
David. — *Herculanum*. In-8°. P. C. F.

52. **Delibes** (Léo). — *Coppelia*, ballet. In-8°. P. Solo.

53. **Delibes** (Léo). — *Sylvia*. In-8°. P. Solo.

55. **Delibes** (Léo). — *La Source*, ballet. In-8°. P. Solo.
Delibes (Léo). — *Kassya*. In-8°. P. C. F.
Delibes (Léo). — *Le Roi l'a dit*. In-8°. P. C. F.
Delibes (Léo). — *Monsieur Griffard*. In-8°. P. C. F.

56. **Amel** (Mme). — *Chansons d'aïeules*. In-8°. P. C. F.
Delmet (Paul). — *Chansons du quartier latin*. In-8°. P. C. F.
Delmet (P.). — *Nouvelles chansons*. In-8°. P. C. F.
Delmet. (Paul). — *Chansons de Montmartre*. In-8°. P. C. F.

57. **Dell'Orefice**. — *Romilda de' Bardi*. In-8°. P. C. I.
Demol. — *Le Chanteur de Médine*. In-8°. P. C. F.
Diaz. — *La Coupe du roi de Thulé*. In-8°. P. C. F.
Dietrich (Albert). — *Robin Hood*. In-8°. P. C. A.
Donizetti. — *Maria Padilla*. In-8°. P. C. I.

58. **Devienne**. — *Les Visitandines*. In-8°. P. C. F.
Deswert (Jules). — *Les Albigeois*. In-8°. P. C. F. A.
Destouches. — *Omphale*. In-8°. P. C. F.
Destouches. — *Issé*. In-8°. P. C. F.
Dupont (Gabriel). — *Cabrera*. P. C.

59. **Donizetti**. — *Belisario*. In-8°. P. C. I.
Donizetti. — *Don Pasquale*. In-8°. P. C. F.
Donizetti. — *Don Pasquale*. In-8°. P. C. I. Angl.
Donizetti. — *Dom Sébastien*. In-8°. P. C. F.
Donizetti (G.). — *Il Duca d'Alba*. In-8°. P. C. I.

60. **Donizetti** (G.). — *Betly*. In-8° C. C. I.
Donizetti. — *Anna Bolena*. In-8°. P. C. I.
Donizetti. — *Lucrezia Borgia*. In-8°. P. C. I. Angl.
Donizetti. — *Lucie de Lammermoor*. In-4°. P. C. F.
Donizetti. — *Linda*. In-8° P. C. I.

61. **Donizetti**. — *Gemma di Vergy*. In-8°. P. C. I.
Donizetti. — *Il Furioso*. In-8° P. C. I.
Donizetti. — *La fille du Régiment*. In-8°. P. C. F.
Donizetti. — *L'Elisire d'Amore*. In-8°. P. C. I.
Donizetti. — *Elisabeth*. In-8°. P. C. F.

62. **de Doss** (P.-Adolphe). — *Les Comtes de Moha*. In-8° P. C. F.
de Doss (Adolphe). — *Percival*. In-8° C. P. F.
Donizetti. — *Roberto d'Evereux*. In-8°. P. C. I.
Donizetti. — *La Parisina*. In-8°. P. C. I.
Donizetti. — *Il Paria*. In-8° P. C. I.
Donizetti. — *I Martiri*. In-8° P. C. I.

63. **Douay**. — *Les Crêpes de la Marquise*. In-8° P. C. F.
Douay. — *Jérome Pointu*. In-8°. P. C. F.
Dubois (Théodore). — *Les sept Paroles du Christ*. In-8° P. C. F.
Dubois. — *Le Paradis perdu*. In-8° P. C. F.
Dubois. — *Le Pain Bis*. In-8° P. C. F.
Dubois. — *La Guzla de l'Emir*. In-8° P. C. F.

64. **Dubois**. — *La Farandole*. In-8° P. C. F.
Dubois. — *Aben Hamet*. In-8° P. C. F.
Duprato (J.). — *La Fiancée de Corinthe*. In-8°. P. C. F.
Duprato. — *La Déesse et le Berger*. In-8° P. C. F.
Duprato. — *M'sieu Landry*. In-8° P. C. F.

65. **Dufresne**. — *Les Valets de Gascogne*. In-8°. P. C. F.
Dubois. (Théodore) — *Xavière*. P. C.
Duprato. — *Les Trovatelles*. In-8°. P. C. F.
Duprato. — *Salvator Rosa*. In-8° P. C. F.
Duvernoy. — *La Tempête*. In-8°. P. C. F.

66. **de Flotow**. — *Alma l'incantatrice*. In-8°. P. C. I.
de Flotow — *Martha*. In-8°. P. C. F.
de Flotow. — *L'Ombre*. In-8°. P. C. F.
de Flotow. — *Stradella*. In-8°. P. C. I.
de Flotow. — *Zilda*. In-8°. P. C.

67. **Fioravanti**. — *Le Cantatrici Villane*. In-8° P. C. I.
Ferny (Jacques). — *Chansons Immobiles*. In-8°. P. C. F.
Fauré. — *Vingt Mélodies*. In-8° P. C. F.
Fauré. (Gabriel) — *Prométhée*. P. C.
Fauré. (Gabriel). — *Caligula*. P. C.
Franck (César). — *Rédemption*. In-8°. P. C. F.
Fourdrain (Félix). — *Légende du Point d'Argentau*. P. C.

68. **Erlanger** (Camille). — *Le Juif polonais*. P. C.
Erlanger (Camille). — *Kermaria*. In-8°. P. C. F.
Erlanger (Camille). — *Saint-Julien l'Hospitalier*. In-8°. P. C. F.
Faminzin (Alexandre). — *Uriel Acosta*. In-8°. P. C. R. et A.
Fauconnier (B. C.). — *La Pagode*. In-8°. P. C. F.

69. **Dvorak** (A.). — *Stabat Mater*. In-8°. P. C. L.
Dvorak (A.). — *The Spectres Bride*. In-8°. P. C. Angl.
Dvorak (Anton).— *Der Bauer ein Schelm*. In-8°. P. C. Tchèque-A.
Dvorak (Anton). — *Die Dickschädel*. In-8°. P. C. Tchèque-A.
Everaerts. — *La tirelire*. In-8°. P. C. F.
Dupuis (Albert). — *Jean-Michel*. P. C.

70. **Duvernoy** (A.). — *Sardanapale*. In-8°. P. C. F.
Dutacq (Amédée). — *Lysistrata*. In-8°. P. C. F.
Dutacq. — *Battez Philidor*. In-8°. P. C. F.
Dupuis (S.). — *Cour d'Ognon*. In-8°. P. C. Wallon.

d'Erlanger 1(Frédéric). *Jehan de Saintré.* In-8°. P. C. F.
Ernest *II.* — *Diane de Solange.* In-8°. P. C. F. A.

71. **Cagnoni** (Antonio). — *Don Bucefalo.* In-8°. P. C. I.
Fragerolle (G.). — *La Comédie italienne.* In-8°. P. C. F.
Niels (W. Gade). — *Psyché.* In-8°. P. C. Angl.
Gade. — *La Fille du Roi des Aulnes.* In-8°. P. C. F. A.
Gabrielli. — *Don Gregorio.* In-8°. P. C. F.

72. **Franck** (César). — *Hulda.* In-8°. P. C. F.
Franck (César). — *Psyché.* In-8°. P. C. F.
Franck. — *Rebecca.* In-8°. P. C. F.
Franck. — *Ruth.* In-8°. P. C. F.

73. **Fournier** (Alix). — *Stratonice.* In-8°. P. C. F.
Gautier. — *Le docteur Mirobolant.* In-8°. P. C. F.
Gaveaux. — *Le Bouffe et le Tailleur.* In-8°. P. C. F.
Georges (Alexandre). — *Miarka.* P. C.

74. **Ganne** (Louis). — *Phryné,* ballet. In-8°. P.
Gastinel (L.). — *Titus et Bérénice.* In-8°. P. C. F.
Gautier. — *La clé d'or.* In-8°. P. C. F.
Gedalge (A.).— *Vaux de Vire et Chansons normandes du XVe* siècle. In-8°. P. C. F.
Genée. — *Le cadet de marine.* In-8°. P. C. F.
Georges (Alexandre). — *Le printemps.* In-8°. P. C. F.
Giordano. (Umberto -André). — *Chenier.* P. C. F.

75. **Franck.** — *Les Béatitudes.* In-8°. P. C. F. A.

76. **Gevaert** (F.-A.). — *Jacob van Artevelde.* In-8°. P. C. F. Flam.
Gevaert (F.-A.). — *Georgette.* In-8°. P, C. F.
Gevaert. — *Le diable au moulin.* In-8°. P. C. F.
Gevaert. — *Le chateau trompette.* In-8°. P. C. F.
Gevaert. — *Le capitaine Henriot.* In-8°. P. C. F.
Gevaert. — *Le billet de Marguerite.* In-8°. P. C. F.

77. **Gilson** (Paul). — *Princesse Rayon de Soleil.* P. C.
Gilson (Paul). — *Gens de mer.* P. C.
Gilson (Paul). — *La Captive.* P. C.
Gilson (Paul). — *Cantate inaugurale.* In-8°. P. C. F.
Gevaert. — *Quentin Durward.* In-8°. P. C. F.
Gevaert. — *Les lavandières de Santarem.* In-8°. P. C. F.

78. **Goetz** (Hermann). — *Le Diable à la Maison.* In-8°. P. C. F.
Goetz. — *The Taming of the Shrew.* In-8°. P. C. Angl. Allem.
Goldmark. — *Merlin.* In-8°. P. C. A.
Goldmark. — *Die Koningin von Saba.* In-8°. P. C. A.
Goldmark. — *Die Koningin von Saba.* In-8°. P. Solo.
Goldschmidt. — *Les Sept Péchés capitaux.* In-8°. P. C. F.

79. **Glück.** — *Armide* (Gevaert). In-4°. P. C.
Glück. — *Alceste* (Gevaert). In-4°. P. C.

80. **Glück**. — *La Rencontre imprévue ou les Pèlerins de la Mecque*. In-8°. P. C. F.
Glück. — *Orphée*. In- °. P. C. F. A.
Glück. — *Alceste*. In-8°. P. C. F. A.
Glück. — *Iphigénie en Aulide*. In-4°. P. C. A.
Glück. — *Paris und Helena*. In-8°. P. C. I. A.

60. **Glück**. — *Orphée* (Version Gevaert). In-8°. P. C. F.

81. **Glück**. — *Iphigénie en Aulade*. In-8°. P. C. F.
Glück. — *Echo et Narcisse*. In-8°. P. C. F.
Glück. — *Orphée* (Version Ritter). P. C.
Glück. — *Iphigénie en Aulide* (réduction Gevaert). In-8°. P. C. F.

82. **Godard**. — *Le Tasse*. In-8°. P. C. F.
Godard (Benjamin). — *Symphonie Légendaire*. In-8°. P. C. F.
Godard. — *Don Pedro de Zalmea*. In-8°. P. C. F.
Godard (Benjamin). — 20 mélodies. In-8°. P. C. F.
Godard (Benjamin). — *Jocelyn*. In-8°. P. C. F.
Godard. — *Diane*. In-8°. P. C. F.
Godard (Benjamin). — *Dante*. In-8°. P.C. F.

83. **Grétry**. — *L'Amant jaloux*. In-8°. P. C. F.
Grétry. — *La Caravane du Caire*. In-8°. P. C. F.
Grétry. — *Céphale et Procris*. In-8°. P. C. F.
Grétry. — *Les deux Avares*. In-8°. P. C. F.

84. **Grétry**. — *L'Epreuve Villageoise*. In-8°. P. C. F.
Grétry. — *Les Méprises par ressemblance*. In-8°. P. C. F.
de Grandval. — *La Fille de Jaïre*. In-8°. P. C. F.
de Grandval. — *La Forêt*. In-8°. P. C. F.
de Grandval. — *La Ronde des songes*. In-8°. P. C. F.

85. **Grétry**. — *Richard Cœur de Lion*. In-8°. P. C. F.
Grétry. — *Zémire et Azor*. In-8°. P. C. F.
de Grandval. — *Sainte Agnès*. In-8°. P. C. F.
de Grandval (Mme). — *Stabat Mater*. In-8°. P. C. L.

86. **Gobatti** (Stefano). — *I Goti*. In-8°. P. C. I.
Gramman (Carl). — *Das Andreasfest*. In-8°. P. C. A.
Glinka. — *Russlan et Ludmila*. In-8°. P. C. R. A.
Glinka. — *La Vita per lo Czar*. In-8°. P. C. I.
Glinka. — *Das Leben für den Czar*. In-8°. P. solo.

87. **Gounod**. *Mireille*. In-8°. P. C. F.

88. **Gounod**. — *Roméo et Juliette*. In-8°. P. C. F.

89. **Gounod**. — *Faust*. In-8°. P. C. F.

90. **Gounod**. — *Cinq Mars*. In-8°. P. C. F.
Gounod. — *La Colombe*. In-8°. P. C. F.
Gounod. — *Gallia*. In-8°. P. C. F.

Gounod. — *Jeanne d'Arc,* avec autographe de l'auteur. In-8° P. C. F.
Gounod. — *Le Médecin malgré lui.* In-8°. P. C. F. Angl.

'91. **Gounod.** — *Sapho.* In-8°. P. C. F.
Gounod (C.). — *Tobie.* In-8° P. C. F. Angl.
Gounod. — *Le Tribut de Zamora.* In-8°. P. C. F.
Gounod (C.). — *Ulysse.* In-8°. P. C. F.
Gounod. — *Trois Recueils de Mélodies.* In-8° .P. C. F.

'92. **Gounod** (Ch.). — *Le Médecin malgré èui.* In-8°. C. P. F.
Gounod (Charles). — *Messe Solennelle de Sainte Cécile.* In-8°. P. C. L.
Gounod. — *Philemon et Baucis.* In-8°. P. C. F.
Gounod. — *Polyeucte.* In-8°. P. C. F.
Gounod. — *La Reine de Saba.* In-8° P. C. F.

'93. **Grisar.** — *Les Amours du Diable.* In-8°. P. C. F.
Grisar. — *Le Carillonneur de Bruges.* In-8°. P. C. F.
Grisar. *La Chatte Merveilleuse.* In-8°. P. C. F.
Grisar. — *Gilles Ravisseur.* In-8°. P. C. F.
Grisar — *Le Joaillier de St James.* In-8°. P. C. F.

'94. **Guiraud.** — *Piccolino.* In-8°. P. C. F.
Grisar. — *L'Eau Merveilleuse.* In-8°. P. C. F.
Grisar. — *Le Chien du Jardinier.* In-8°. P. C. F.
Héquet. — *Marinette et Gros René.* In-8°. P. C. F.
Heinze (G.-A.). — *Sancta Cœcilia.* In-8°. P. C. A.

'95. **Halevy.** — *Charles VI.* In-8°. P. C. F.
Halevy. — *Jagnarita.* In-8°. P. C. F.
Halevy. — *Le Guitarerro.* In-8°. P. C. F.
Halevy. — *Les Mousquetaires de la Reine.* In-4°. P. C. F.

'96. **Guiraud** et **St-Saëns.** — *Frédégonde.* P. C.
Guiraud. — *Galante Aventure.* In-8°. P. C. F.
Guiraud. — *Gretna Green Ballet.* In-8°. P. Solo.
Guiraud. — *Madame Turlupin.* In-8°. P. C. F.

'97. **Halévy.** — *La Dame de Pique.* In-8°. P. C. F.
Halévy. — *La Fée aux Roses.* In-8°. P. C. F.
Halévy. — *Le Nabab.* In-8°. P. C. F.
Halévy. — *Le Val d'Andore.* In-8°. P. C. F.
Halévy. — *Valentine.* In-8°. P. C. F.

98. **Halévy.** — *Le Juif Errant.* In-8°. P. C. F.
Halévy. — *La Magicienne.* In-8°. P. C. F.
Halévy-Bizet. — *Noé.* In-8°. P. C. F.
Halévy. — *La Reine de Chypre.* In-4°. P. C. F.

'99. **Hamal** (Jihan Noé). — *Voyège di Chaudfontaine.* In-8°. P. C. W.
Hamal (J.-N.). — *Li Ligeois égâgi.* In-8°. P. C. W.
Heyndrickx. — *Studentenliederboek.* Vol. 1-2. P. C. Flam.

100. **Hérold.** — *Marie.* In-8°. P. C. F.
Hérold. — *Le Muletier.* In-8°. P. C. F.
Hérold. — *Zampa.* In-8°. P. C. F.

101. **Haydn.** — *Les Saisons.* In-8°. P. C. F. All.
de Hartog. (Edouard). — *Le Mariage de Don Lope.* In-8° P. C. F.
Hanssens. — *Le Sabbat.* In-8°. P. C. F.
Haendel (G.-F.). — *Dettinger Te Deum.* In-8°. P. C. Angl. A.
Haendel (G.-F.). — *Trauer hymne.* In-8°. P. C. A.

102. **Haendel** (G.-F.). — *Judas Maccabaus.* In-8°. P. C. A. Angl.
Haendel (G.-F.). — *Samson.* In-8°. P. C. Angl. A.
Haendel (G.-F.). — *Susanna.* In-8°. P. C. Angl. A.
Haendel (G.-F.). — *Te Deum de Dettingen.* In-8°. P. C. L.
Haendel (G.-F.). — *Theodora.* In-8°. P. C. Angl. A.

103. **Haendel.** — *Samson.* A. Angl.
Haendel (G.-F.). — *Salomo.* In-8°. P. C. Angl. A.
Haendel. — *Le Messie.* In-8°. P. C. F.
Haendel (G.-F.). — *Josua.* In-8°. P. C. A. Angl.
Haendel (G.-F.). — *Herakles.* In-8°. P. C. Angl. A.

104. **Haendel.** — *La Fête d'Alexandre.* In-8°. P. C. F.
Haendel (G.-F.). — *Athalia.* In-8°. P. C. Angl. A.
Haendel (G.-F.). — *Israel in AEgypten.* In-8°. P. C. A.
Haendel (G.-F.). — *Belsazar.* In-8°. P. C. Angl. A.
Haendel (G.-F.). — *Acis and Galatea.* In-8°. P. C. Angl.

105. **Hillemacher** (P.-L.). — *Vingt mélodies*, soprano. In-8°. P. C. F.
Hillemacher (P.-L.). — *Circé.* P. C.
Hillemacher. — *Saint-Mégrin.* In-8°. P. C. F.
Hillemacher (P.). — *Poème de la Nuit.* In-8°. P. C. F.
Hillemacher (Orsola). — In-8°. P. C. F.

106. **Hillemacher** (L.). — *Fingal.* In-8°. P. C. F.
Hillemacher (P.). — *Judith.* In-8°. P. C. F.
Hillemacher. — *Loreley.* In-8°. P. C. F. A.
Hillemacher (P.-L.). — *Vingt mélodies*, n° 2, ténor. In-8°. P. C. F.
Hillemacher. — *Vingt mélodies*, baryton. In-8°. P. C. F.
Hillemacher (P. et L.). — *Solitudes.* In-8°. P. C. F.

107. **Hillemacher** (P.-L.). — *Le Drac.* In-8°. P. C. F. A.
Hillemacher (P.-L.). — *Une aventure d'Arlequin.* In-8°. P. C. F.
Hignard. — *Hamlet.* In-8°. P. C. F.
Hignard (A.). — *Rimes et mélodies.* In-8°. P. C. F.
Hue (G.). — *Le roi de Paris.* P. C. F.

108. **Hue** (Georges). — *Cœur brisé.* pantomime. In-8°. P.
Humperding (L.). — *Hänsel et Gretel.* In-8°. P. C. F.
Huberti (Gustave). — *Een laatste zonnestraal.* In-8°. P. C. A. F. Flam.

von Holstein (Franz). — *Die Hochländer*. In-8o. P. C. A.
Hol (Richard). — *David*. In-8o. P. C. Néerl. A.
Jonas (Émile). — *Javotte*. In-8o. P. C. F.

109. **Hiller** (Ferd.). — *Fruhlingsnacht*. In-8o. P. C. A.
Hiller (Ferdinand). — *Israel's Siegesgesang*. In-8o. P. C. A. Angl.
Hofman. — *Mélusina*. In-8o. P. C. A. Angl.
Holmes. — *Les Argonautes*. In-8o. P. C. F.
Holmès (A.). — *Montagne noire*. P. C. F.
Holmès (A.). — *Les sept Ivresses*. In-8o. P. C. F.

110. **Joncières**. *La reine Berthe*. In-8o. P. C. F.
Joncières. — *La mer*. In-8o. P. C. F.
Joncières (Victorien). — *Lancelot du Lac*. In-8o. P. C. F.
Joncières. — *Dimitri*. In-8o. P. C. F.
Joncières. — *Le dernier jour de Pompéi*. In-8o. P. C. F.

111. **Dalcroze** (Jacques). — *Bonhomme Jadis*. P. C. F.
Dalcroze (J.). — *Poème alpestre*. P. C. F.
Lagye. — *Le Pierrot d'à côté*. In-8o. P. C. F.
Lagarde (Paul). — *L'habit de Mylord*. In-8o. P. C. F.
Lacome. — *Paques fleuries*. In-8o. P. C. F.
Kretzschmar (Edmond). — *Die Folkunger*. In-8o. P. C. A.
Kretzschmar (Edmond). — *Heinrich der Löwe*. In-8o. P. C. A.

112. **Lacome**. — *La nuit de Saint-Jean*. In-8o. P. C. F.
Lacome. — *Jeanne, Jeannette et Jeanneton*. In-8o. P. C. F.
Lacome. *La dot mal placée*. In-8o. P. C. F.
Lacome. *Album Pyrénéen*. In-8o. P. C. F.
Kowalski. — *Gilles de Bretagne*. In-8o. P. C. F.
Kiel (Friedrich). — *Requiem*. L.
Glück (Ch.). — *Rencontre imprévue*. P. C. F.
Josset (Alfred). — *Rengaw*. In-8o. P. C. F.

113. **Joncières** (Victorin). — *Le chevalier Jean*. In-8o. P. C. F.
Joncières (Victorin). — *Sardanapale*. In-8o. P. C. F.
Keller (J.-M.). — *Musique d'église*. In-8o. P. C. L.
Kiel (Friedrich). — *Christus*. In-8o. P. C. L.
Klughardt (Auguste). — *Gudrun*. In-8o. P. C. A.

114. **d'Indy**. — *Attendez-moi sous l'Orme*. In-8o. P. C. F.
d'Indy. — *Le Chant de la Cloche*. In-8o. P. C. F. A.
d'Indy (V.). — *L'Etranger*. P. C. F.
d'Indy (Vincent.) — *Fervaal*. In-8o. P. C. F.
d'Indy (Vincent). — *Karadec*. In-8o. P. C. F.
Marquis d'Ivry. — *Les Amants de Vérone*. In-8o. P. C. F.

115. **Lalande** et **Destouches**. — *Les Eléments*. In-8o. P. C. F.
de Lajarte. — *Monsieur de Floridor*. In-8o. P. C. F.
de Lajarte. — *Le Roi de Carreau*. In-8o. P. C. F.
de Lajarte. — *Le Portrait*. In-8o. P. C. F.

Lanciani (P.). — *Pierrot Macabre.* In-8°. P. B.
Lambert (Lucien). — *Brocéliande.* In-8°. P. C. F.

116. **Lalo.** — *Fiesque.* In-8°. P. C. F. A.
Lalo (E.). — *Namouna.* In-8°. P. Ballet.
Lalo (Edouard). — *Le Roi d'Ys.* In-8°. P. C. F.
Lassen (Edouard). — *Faust.* In-8°. P. C. A.
Lassen. — *Le Captif.* In-8°. P. C. F.

117. **Laparra** (R.). — *La Habanera.* P. C. F.
Laparra (Raoul). — *Mélodies sur des thèmes populaires espagnols.* E. F. Angl.
de Lara (Isidore). — *The Light of Asia.* In-8°. P. C. Angl. I.
de Lara (Isidore). — *Moïna.* In-8° P. C. F.
Lefebvre (Ch.). — *Le Trésor.* In-8°. P. C. F.
Lenepveu. — *Le Florentin.* In-8°. P. C. F.
Lekeu. (Charles). — *Andromède,* In-8°. P. C. F.

118. **Leroux** (Xavier). — *Evangeline.* In-8°. P. C. F.
Leroux (Xavier). — *Les Perses.* In-8°. P. C. F.
Limnander. — *Le Château de la Barbe Bleue.* In-8°. P. C. F.
Limnander. — *Yvonne,* In-8°. P. C. F.
Limnander. (A). — *Maximilien à Francfort.* In-8°. P. C. F.

119. **Leoncavallo** (R.). — *Paillasse.* In-8°. P. C. F.

120. **Lecocq.** — *Le Rajah de Mysore,* In-8°. P. C. F.
Lefebvre. — *Judith.* In-8°. P. C. F.
Lenepveu. — *Velléda.* In-8°. P. C. F.
Léoncavallo (R.). — *La Bohême.* In-8°. P. C. F.
Leroux (Xavier). — *Cléopâtre.* P. S.

121. **Lortzing.** — *Hans Sachs.* In-4°. P. C. A.
Lortzing. — *Le Braconnier.* In-8°. P. C. F.
Litolff. — *Les Templiers.* In-8°. P. C. F.
Louis (N.). — *Les deux Sergents.* In-8°. P. C. F.
Louis. — *Marie Thérèse.* In-8°. P. C. F.

122. **Lesueur.** — *Ossian ou les Bardes.* In-8°. P. C. F.
Liszt (Frantz). — *Cantate.* A. *Der Glocke des Strassburger Müsters. Chœurs pour Prométhée.* In-8°. P. C. A.
Liszt. — *Christus.* In-8°. P. C. L.
Liszt (Franz). — *Missa Coronationalis.* In-8°. P. C. L.
Liszt — *Sainte Elisabeth de Hongrie.* In-8°. P. C. F.
Litolff. — *Ruth et Booz.* In-8°. P. C. F.

123. **de Lully.** — *Alceste.* In-8°. P. C. F.
de Lully. — *Armide.* In-8°. P. C. F.
de Lully. — *Atys.* In-8°. P. C. F.
de Lully. — *Le Bourgeois Gentilhomme.* In-8°. P. C. F.

124. **de Lully.** — *Bellérophon.* In-8°. P. C. F.
de Lully. — *Cadmius et Hermione.* In-8°. P. C. F.

de Lully. — *Isis.* In-8°. P. C. F.
de Lully. — *Proserpine.* In-8°. P. C. F.

125. de Lully. — *Persée.* In-8°. P. C. F.
de Lully. — *Phaéton.* In-8°. P. C. F.
de Lully. — *Psyché.* In-8°. P. C. F.
de Lully. — *Thésée.* In-8°. P. C. F.

126. **Magnard** (Albéric). — *Yolande.* In-8°. P. C. F.
Maillard. — *Gastibelza.* In-8°. P. C. F.
Mackenzie. — *The Troubadour* (2 exempl.). In-8°. P. C. Angl.
Mascagni (Pierre). — *Amica* P. C. F.

127. **Maillard.** — *Lara.* In-8°. P. C. F.
Maillard. — *Les Pêcheurs de Catane.* In-8°. P. C. F.
Malliot. — *La Vendéenne.* — In-8°. P. C. F.
Mancinelli. — *Cleopatra Symphonie.* In-8°.
Marcelli. — *Le Sorcier.* In-8°. P. C. F.
Marcello. — *Messa.* In-8°. P. C. L.

128. **Maréchal.** — *L'Etoile.* In-8°. P. C. F.
Maréchal (Henri). — *Deïdamie.* P. C. F.
Maréchal. — *Les Amoureux de Catherine.* In-8°. P. C. F.
Maréchal. — *La Taverne des Trabans.* In-8°. P. C. F.
Marty. — *Edith.* In-8°. P. C. F.
Marty (Gabriel). — *Le Duc de Ferrare.* In-8°. P. C. F.
Marty (Georges). — *Daria.* P. C. F.

129. **Marchetti** (Filippo). — *Ruy Blas.* In-8°. P. C. I.
Massé. — *Les Chaises à Porteurs.* In-8°. P. C. F.
Massé. — *La Chanteuse voilée.* In-8°. P. C. F.
Massé. Victor)). — *La Fée Carabosse.* In-8° P. C. F.
Massé. — *Fior d'Aliza.* In-8°. P. C. F.
Massé (Victor). — *La Nuit de Cléopâtre.* In-8°. P. C. F.

130. **Massé** (Victor). — *La Fiancée du Diable.* In-8°. P. C. F.
Massé. — *Galathée.* In-8°. P. C. F.
Massé. — *Paul et Virginie.* In-8°. P. C. F.
Massé. — *La Reine Topaze.* In-8°. P. C. F.
Massé. — *Les Saisons.* In-8° P. C. F.
Massé (Victor). — *Une Loi somptuaire.* In-8° P. C. F.

131. **Massenet.** — *Mélodies nos* 1 *et* 2. In-8° P. C. F. (mezzo).

132. **Massenet** (Jules). — *Werther.* In-8° P. C. F.

133. **Massenet.** — *Marie-Magdeleine.* In-8°. P. C. F.

134. **Massenet** (Jules). — *Thaïs.* In-8° P. C. F.

135. **Massenet.** — *Hérodiade.* In-8°. P. C. F.

136. **Massenet.** — *Manon* (1re édit.). In-8°. P. C. F.
137. **Massenet** (Jules). — *Le Jongleur de Notre-Dame.* P. C. F.

138. **Massenet** (Jules). — *La Navarraise.* In-4° P. C. F. Angl.

139. **Maillard.** — *Les Dragons de Villars.* In-8° P. C. F.

140. **Mascagni** (Pietro). — *Chevalerie Rustique.* In-8°. P. C. F.

141. **Massenet** (Jules). — *Esclarmonde.* In-8°. P. C. F.
Massenet (Jules). — *Griselidis.* P. C. F.
Massenet. — *Eve.* In-8° P. C. F.
Massenet. — *Don César de Bazan.* In-8° P. C. F.

142. **Massenet** (Jules). — *Chérubin.* P. C. F.
Massenet. — *Le Cid.* In-8°. P. C. F.
Massenet. — *Les Erynnies.* In-8° P. C. F.

143. **Massenet** (Jules). — *Improvisations.* In-8° P..
Massenet (Jules). — *Le Mage.* In-8°. P. C. F.
Massenet. — *Narcisse.* In-8° P. C. F.
Massenet (J.). — *Phèdre.* P.
Massenet (Jules). — *Le Portrait de Manon.* In-8° P. C. F.
Massenet. — *Le Roi de Lahore.* In-8° P. C. F.

144. **Matthieu** (Emile). — *Les Fumeurs de Kiff* (Ballet). In-8° P.
Mathieu. — *Freyhir.* In-8° P. C. F.
Mathieu (Emile). — *L'Enfance de Ro and.* In-8° P. C. F. A.
Mathieu (E.). — *La Bernoise.* In-8° P. C. F.
Mathieu. — *Six Ballades de Goethe.* In-8°. P. C. F. A.
Méhul. — *Euphrosine et Coradin.* In-8° P. C. F.

145. **de Maupeou.** — *Ariane.* In-8°. P. C. F.
Mathieu (E.). — *Richilde.* In-8° P. C. F. A.
Mathieu. — *Le Hoyoux.* In-8° P. C. F.
Mathieu. — *Georges Dandin.* In-8° P. C. F.
Membrée (Edmond). — *Francois Villon.* In-8° P. C. F.

146. **Méhul** (Joseph). — *Récitatifs de Bourgault-Ducoudray.* In-8°. P. C. F.
Méhul. — *Stratonice.* In-8° P. C. F.
Méhul. — *Une Folie.* In-8° P. C. F.
Mendelssohn. — *Antigone.* In-8° P. C.
Mendelssohn. — *Elijah.* In-8° P. C. Angl.
Mendelssohn. — *Lauda Sion.* In-8° P. C.
Mendelssohn. — *Paulus.* In-8° P. C. F.

147. **Mendelssohn.** — *Psaumes.* In-8° P. C.
Mendelssohn. — *Saint-Paul.* P. C. Angl.
Mendelssohn. — *Le Songe d'une Nuit d'Eté.* In-8°. P.
Mercadante. — *Elisa et Claudio.* In-8° P. C. I.
Mermet. — *Roland à Roncevaux.* In-8°. P. C. F.

148. **Mercadante**. — *Elena da Feltro*. —In-8°. P. C. I.
Mercadante. — *La Vestale*. In-8° P. C. I. F.
Mermet. — *Jeanne d'Arc*. In-8° P. C. F.
Mertens. — *Le Capitaine Noir*. In-8° P. C. F. A.
Mertens (Jos.). — *La Méprise* (*De Vergissing*). In-8° P. C. F. Flam.

149. **Messager**. — *Les Deux Pigeons*. In-8° P. (Ballet).
Messager (André). — *Hélène*. In-8° P.
Messager (André). — *Madame Chrysanthème*. In-8°. P. C. F.
Meyerbeer. — *Mélodies*. In 8° P. C. F.
Messagers (A.) et **Street** (G.). — *Scaramouche* (Ballet). In-8°. P.

150. **Meyerbeer**. — *Cantate*. In-8° P. C. F.
Meyerbeer. — *Dinorah*. In-8° P. C. I. A.
Meyerbeer. — *L'Etoile du Nord*. In-8° P. C. F.
Meyerbeer. — 91° *Psaume*. In-8°. P. C. F.
Meyerbeer. — *Struensée*. In-8°. P. C. F.

151. **Meyerbeer**. — *Le Pardon de Ploërmel*. In-8° P. C. F.
Meyerbeer. — *Le Prophète*. In-8°. P. C. F.
Meyerbeer. — *Robert le Diable*. In-8° P. C. F.

152. **Meyerbeer**. — *Les Huguenots*. In-8°. P. C. F.
Meyerbeer. — *L'Africaine*. In-8° P. C. F.

153. **Meyerbeer**. — *L'Africaine* (2e partie). In-8°. P. C. F.

154. **Massenet**. — *Le Carillon* (Ballet). In-8°. P.
Massenet (J.). — *Cendrillon*. P. C. F.
Massenet. — *Poèmes du Souvenir. Poèmes d'avril. Poème d'octobre*. In-8°. P. C. F.
Massenet. — *Poème Pastoral*. In-8°. P. C. F.
Massenet (J.). — *La Terre Promise* (oratorio). P. C. F.
Massenet. — *La Vierge*. In-8° P. C. F.

155. **Monpou**. — *La Chaste Suzanne*. In-8°. P. C. F.
Monsigny. — *Le Déserteur*. In-8°. P. C. F.
Monsigny. — *On ne s'avise jamais de tout*. P. C. F.
Monsigny. — *Rose et Colas*. In-8°. P. C. F.
Mortarieu. — *Saint-Nicolas*. In-8°. P. C. F.
Montaubry. — *Le Nid d'Amour*. In-4°. P. C. F.

156. **Michel** (Joseph). — *Les Chevaliers de Tolède*. In-8°. P. C. F.
Missa (Edm.). — *L'Hôte*. P. C. F.
Missa (Edm.). — *L'Hôte*. P. seul.
Moniuszko. — Mélodies. In-8°. P. C. F.
Moreau (J.-B.). — *Chœurs d'Esther et d'Athalie. Cantiques spirituels*. In-8°. P. C. F.

157. **Miry** (Charles). — *Andrée*. In-8°. P. C. F. Flam.
Miry. — *Bouchard d'Avesnes*. In-8° P. C. F.
Miry. — *Les Deux Sœurs*. In-8°. P. C. F.

Miry. — *De Dichter zijn Droombeeld*. In-8°. P. C. F. Flam.
Osmond et Cie. — *Le Partisan*. In-8°. P. C. F.

158. **Mozart**. — *Les Noces de Figaro*. In-8°. P. C. F.
Mozart. — *Don Juan*. In-8°. P. C. F.
Mozart. — *Don Juan*. Obl. P. C. I.
Mozart (A.-W.). — *Missa in Fdur. Vesperae de Dominica*. L.
Jomelli (Nic.). — *Requiem*. In-8°. P. C. L.
Mozart. — *Schauspieldirekteur*. P. C. A.
Mozart. — *L'Enlèvement au Sérail*. In-8°. P. C. F.

159. **Mozart**. — *La Flute enchantée*. In-8°. P. C. F.
Mozart. — *Noces de Figaro*. P. C. F.
Mozart. — *L'Oie du Caire*. In-8°. P. C. F.
Mozart. — *Requiem*. In-8°. P. C. L.

160. **Messager** (André). — *La Basoche*. In-8°. P. C. F.
Messager (A.). — *Fortunio*. In-8°. P. C. F.

161. **Nicolo**. — *Cendrillon*. In-8°. P. C. F.
Nicolo. — *Jeannot et Colin*. In-8°. P. C. F.
Nicolaï. — *Les Joyeuses Commères de Windsor*. In-8°. P. C. F.
Nicolo. — *Joconde*. In-8°. P. C. F.

162. **Nicolaï**. — *Il Templario*. In-8°. P. C. I.
Nicolo. — *Le Billet de Loterie*. In-8°. P. C. F.
Nicolo. — *Les Rendez-vous Bourgeois*. In-8°. P. C. F.
Niedermeyer (L.). — *Marie-Stuart*. In-8°. P. C. F.

163. **Mortarini**. — *Baldassari*. In-8°. P. C. F.
Pacini. — *La Fidanzata Corsa*. In-8°. P. C. I.
Paër. — *Agnese*. In-8°. P. C.
Ortolan (Eugène). — *Lisette*. In-8°. P. C. F.
Ortolan. — *Tobie*. In-8°. P. C. F.

164. **Palestrina**. — 20 motets (2 volumes). In-8°. P. C. L.
Paladilhe. — *Patrie*. In-8°. P. C. F.
Paladilhe. — *Suzanne*. In-8°. P. C. F.

165. **Paër**. — *Le Maître de Chapelle*. In-8°. P. C. F.
Paisiello. — *Nina ou la Folle par Amour*. In-8°. P. C. F.
Paladilhe. — *L'Amour Africain*. In-8°. P. C. F.
Paladilhe. — *Diana*. In-8°. P. C. F.
Paladilhe. — 20 mélodies. In-8°. P. C. F.

166. **Pardon** (Félix). — *Le Lion amoureux*, ballet. In-8°. P.
Pessard. — *Le Char*. In-8°. P. C. F.
Pessard. — *La cruche cassée*. In-8°. P. C. F.
Petrella (E.). — *Jone*. In-8°. P. C. I.
Philidor. — *Ernelinde*. In-8°. P. C. F.
Polak-Daniels (B.). — *La perle d'Angsnourg*. In-8°. P. C. F.

176. **Pessard**. — *Le capitaine Fracasse*. In-8°. P. C. F.
Pessard (Em.). — *Folies amoureuses*. P. C. F.
Piccini. — *Didon*. in-8°. P. C. F.
Piccini. — *Roland*. In-8°. P. C. F.

168. **Pessard**. — *Tabarin*. In-8°. P. C. F.
Pierné (G.). — *Croisade des Enfants*. P. C. F.
Pierné (G.). — *Coupe enchantée*. P. C. F.

169. **Pierné** (Gabriel). — *Le Collier de saphirs*, ballet. In-8°.
Pierné (G.). — *Docteur Blanc*. P.
Pierné. — *Edith*. In-8°. P. C. F.
Pierné (Gabriel). — *Vendée* In-8°. P. C. F.
Poise. — *L'Amour Médecin*. In-8°. P. C. F.

170. **Poise**. — *Bonsoir Voisin*. In-8°. P. C. F.
Poise. — *Les Charmeurs*. In-8°. P. C. F.
Poise. — *Joli Gilles*. In-8°. P. C. F.
Poise. — *Le surprise de l'Amour*. In-8°. P. C. F.
Ponchielli (Amiline). — *J. Lituani*. In-8°. P. C. I.

171. **Potier**. (Henri). — *Il signor Pascarello*. In-8°. P. C. F.
Pochielli (A.). — *Il figlio prodigo*. In-8°. P. C. I.
Pedrotti. — *Tutti in Maschera*. In-8°. P. C. I.
de Peellaert (A.). — *Les trois Clefs*. In-8°. P. C. F.

172. **Pugno** (R.). et **Lippacher** (C.). — *Viviane*. ballet, In-8°. P.
Pugno. — *Ninetta*. In-8°. P. C. F.
Puget (Paul). — *Beaucoup de bruit pour rien*. In-8°. P. C. F.
Prévost-Rousseau. — *Les Songes*. In-8°. P. C. F.
Poniatowsky (J.). — *Au travers du mur*. In-8°. P. C. F.

173. **Puccini** (G.). — *La Bohême*. In-8°. P. C. F.

174. **Puccini** (G.). — *Tosca*. P. C. F.

175. **Poniatowski**. — *Pierre de Médicis*. In-8°. P. C. F.
Poniatowski. — *La Contessina*. In-8°. P. C. I.
Ponchielli. — *Gioconda*. In-8°. P. C. F.

176. **Pugno**. — *La Résurrection de Lazare*. In-8°. P. C. F.
Pugno (Raoul). — *Le retour d'Ulysse*. In-8°. P. C. F.
Purcell. — *Dido and Alneas*. In-8°. P. C. Angl.
Radoux. — *Le Béarnais*. In-8°. P. C. F.
Raff (Joachim). — *Welt Ende Gericht Neue Welt*. In-8°. P. C. A.

177. **Reber**. — *Le Père Gaillard*. In-8°. P. C. F.
Reber. — *Roland*. In-8°. P. C. F.
Rébikoff. — *L'orage*. In-8°. P. C. R. F. I.
Reinecke. — *The Enchanted Swans* (*Die Wildenschwäne*), *Little Snowdrop* (*Schneewitchen*), *Little Rosebud* (*Dornröschen*), *Cinderella* (*Aschenbrödel*). 1 vol. in-8°. P. C. Angl.

Reyns (Auguste). — *Hymne aan Breidel en de Coninck.* In-8°. P. C. Flam.
Rheinberger. — *Requiem.* In-8°. P. C. L. A.

178. **Rameau.** — *Dardanus.* In-8°. P. C. F.
Rameau. — *Hippolyte et Aricie.* In-8°. P. C. F.
Rameau. — *Les Indes galantes.* In-8°. P. C. F.

179. **Rameau.** — *Castor et Pollux.* In-8°. P. C. F.
Rameau. — *Les fêtes d'Hébé.* In-8°. P. C. F.
Rameau. — *Platée.* In-8°. P. C. F.
Rameau. — *Zoroastre.* In-8°. P. C. F.

180. **Ricci** (L.-F.). — *Chi dura vince.* In-8°. P. C. I.
Ricci (L. et F.). — *Le docteur Crispini.* In-8°. P. C. F.
Ricci (F.). — *Une Folie à Rome.* In-8°. P. C. F.

181. **Reyer** (Ernest). — *Salambô.* In-8°. P. C. F.

182. **Reyer.** — *Sigurd.* In-8°. P. C. F.

183. **Reyer.** — *Erostrate.* In-8°. P. C. F. A.
Reyer. — *Maître Wolfram.* In-8°. P. C. F.
Reyer. — *Le Sélam.* In-8°. P. C. F.
Reyer. — *La statue.* In-8°. P. C. F.

184. **Ropartz** (G.-Guy). — *Pêcheurs d'Islande.* In-8°. P. C. F.
Rosenhain. — *Le Démon de la Nuit.* In-8°. P. C. F.
Rossini. — *Le Barbier de Séville.* In-8° P. C. F.
Rossini (G.). — *Il Barbiere di Siviglia.* In-4° .P. C. I.
Rossini (G.). — *Bruschino.* In-8°. P. C. F.

185. **Rossini.** — *Le comte Ory.* In-8°. P. C. F.
Rossini. — *L'Italiana in Algieri.* In-8°, P. C. I.
Rossini (G.). — *Messe Solennelle.* In-8°. P. C. L. F.
Rossini (G.). — *La Pie voleuse.* In-8°. P. C. F.
Rossini. — *Stabat Mater.* In-8°. P. C. L.
Rossini. — *Turco in Italia.* In-8°. P. C. I.

186. **Rimsky-Korsakow.** — *Die Mainacht.* In-8°. P. C. A. R.
Rimsky-Korsakow. — *Schneewittchen.* In-8°. P. C. R.

188. **Rossini.** — *Guillaume Tell.* In-8°. P. C. F.

189. **de Rillé** (Laurent). — *Frasquita.* In-8°. P. C. F.
de Rillé. — *Babiole.* In-8°. P. C. F.
Ricci (L.-F.). — *La Prigione d'Edimburgo.* In-8°. P. C. I.
Ricci (L.). — *La Petite Comtesse.* In-8° P. C. F.
Rimsky-Korsakoff. — *Mainacht.* P. C. R. A.

190. **Mozart.** — *Ainsi font toutes.* P. C. F.
Salieri. — *Les Danaïdes.* In-8°. P. C. F.
Salieri. — *Tarare.* In-8°. P. C. F.
Salomon. — *Bianca Capello.* P. C. F.

191. **Rousseau** (Samuel). — *La Cloche du Rhin.* In-8°. P. C. F.
Rubinstein. — *Il Demonio.* In-8°. P. C. I.
Rubinstein (Ant.). — *Kalaschnikoff.* In-8°. P. C. A.
Rubinstein. — *24 Lieder.* P. C. F.
Rubinstein. — *Néron.* In-8°. P. C. F.

192. **Rubinstein** (Ant.). — *Sulamith.* In-8°. P. C. A.
Rubinstein. — *La Tour de Babel.* In-8°. P. C. F.
Rubinstein. — *La Vigne.* (Ballet.) In-8°. P.
Sacchini. — *Chimène ou le Cid.* In-8°. P. C. F.

193. **Rheinberger** (Josef). — *Thürmer's Töchterlein.* In-8°. C. P. A.
Rousseau. — *Le Devin du Village.* In-8°. P. C. F.

194. **Saint-Saëns.** — *Étienne Marcel.* In-8°. P. C. F.
Saint-Saëns. — *Henry VIII.* In-8°. P. C. F.
Saint-Saëns. — *Javotte.* P. Solo.
Saint-Saëns. — *La Lyre et la Harpe.* In-8°. P. C. F. Angl.
Saint-Saëns. — 20 *Mélodies.* In-8°. P. C. F.
Saint-Saëns. — *Les Noces de Prométhée.* In-8°. P. C. F.

195. **Sacchini.** — *Œdipe à Colonne.* In-8°. P. C. F.
Sacchini. — *Renaud.* In-8°. P. C. F.
Saint-Saëns. — *Samson et Dalila.* In-8°. P. C. F. A.

196. **Saint-Saëns.** — *Les Barbares.* P. C. F.
Saint-Saëns (Camille). — *Nuit Persane.* In-8°. P. C. F.
Saint-Saëns (C.). — *Oratorio de Noël.* In-8°. P. C. L.
Saint-Saëns (Camille). — *Phryné.* In-8°. P. C. F.
Saint-Saëns. — *La Princesse Jaune.* In-8°. P. C. F.
Saint-Saëns (Camille). — *Proserpine.* In-8°. P. C. F.
Saint-Saëns. — *Le Timbre d'Argent.* In-8°. P. C. F.

197. **Saint-Saëns.** — *Antigone.* P. C. F.
Saint-Saëns (Camille). — *Ascanio.* In-8°. P. C. F.
Saint-Saëns. — *Coeli Enarrant.* In-8°. P. C. L.
Saint-Saëns (Camille). — *Déjanire.* In-8°. P. C. F.
Saint-Saëns. — *Le Déluge.* In-8°. P. C. F.
Saint-Saëns. — *Hélène.* P. C. F.

198. **Salvayre.** — *Le Bravo.* In-8°. P. C. F.
Salvayre (G.). — *La Dame de Montsoreau.* In-8°. P. C. A.
Salvayre (G.). — *Egmont.* In-8°. P. C. F.
Salvayre. — *Le Fandango* (ballet). — In-8°. P. C.
Salvayre. — *Stabat Mater.* In-8°. P. C. L.

199. **Salomon.** — 20 *Mélodies.* In-8°. P. C. F.
Samuel (Eugène). — *La jeune fille à la fenêtre.* P. C. F.
Sauzay (Eug.). — *Le Sicilien.* In-8°. P. C. F.
Scholz (Bernhard). — *Golo.* In-8°. P. C. A.
Spiro Samara. — *Flora Mirabilis.* P. C. F. A.

200. **Schumann** (Robert). — 6 *Lieder*, 3 *Lieder*, *Ritournelle* (4 voix), *Romanjemind Balladen*, chant seul allemand. *Romanjen für Frauenstimmen*. Beim *Abschied zu Singen*. 5 *Gesänge fur 4 Männen Männencher*. In-8°. P. C. A.
Schumann (Robert). — *Manfred*. In-4°. P. C. A.
Schumann. — 30 *Mélodies*. In-8°. P. C. Angl. A.
Schumann. — 50 *Mélodies*. In-8° .P. C. F.
Schumann. — *Le Paradis et la Péri*. In-8°. P. C. F. A.
Schumann . — *La Vie d'une Rose*. Version Wilder. In-8°. P. C. A. F.

201. **Schumann**. — *La Vie d'une Rose* (Ed. Peters). In-8°. P. C. Allem. F.
Schubert (Franz). — Messes, nos 1,2, 3, 4. In-8°. P. C. L.
Schubert (Franz). — *Grosse Mess* in Mib Maj. In-4°. P. C. L.
Schubert (F.). — *La Croisade des Dames*. In-8°. P. C. F.

202. **Semet**. — *La Demoiselle d'Honneur*. In-8°. P. C. F.
Semet. — *Gil Blas*. In-8°. P. C. F.
Semet. — *Les Nuits d'Espagne*. In-8°. P. C. F.
Semet. — *La Petite Fadette*. In-8°. P. C. F.

203. **de Stadler** (E.). — *Le Bois de Daphné*. In-8°. P. C. F.
Servais (Franz). — *L'Apollonide*. In-8°. P. C. F.
Serpette. — *Le Manoir de Pictordu*. In-8°. P. C. F.
Seroff. — *Rognjeda*. In-8°. P. C. R.

204. **Spontini**. — *Fernand Cortez*. In-8°. P. C. F.
Spontini. — *Olympie*. In-8°. P. C. F.
Spohr. — *Jessonda*. In-8°. P. C.

205. **Stanford**. — *The Canterbury Pilgrims*. In-8°. P. C. A.
Stanford. — *Much about nothing*. P. C. A.
Steveniers. — *Le Maréchal Ferrant*. In-8°. P. C. F.
Suppé. — *Fatinitza*. In-8°. P. C. F.
Strauss (Johan). — *Der lustige krieg*. In-8°. P. C. Allem.
Strauss. — *La Tzigane*. In-8°. P. C. F.
von Suppé (Franz). — *Juanita* In-8°. P. C. Allem.

206. **Tinel** (Edgar). — *Godoleva*. In-8°. P. C. Fr. Flam. Allem.
Tinel (Edgar). — *De Klokke Roeland*. In-8°. P. C. Flam.

207. **Tinel** (Edgar). — *Franciscus*. In-8°. P. C. Flam. Allem. Fr.
Tinel (Edgar). — *Rose des Blés*. In-8°. Fr. Flam. Allem. Angl.

208. **Thomas**. *Psyché*. In-8°. P. C. F.
Thomas. — *Raymond*. In-8°. P. C. F.
Thomas (Ambroise). — *Le Roman d'Elvire*. In-8°. P. C. F.
Thomas. — *Le Songe d'une Nuit d'Eté*. In-8°. F.
Thomas. — *La Tonelli*. In-8°. P. C. F.

209. **Thomas**. — *Le Caïd*. In-8°. P. C. F.
Thomas. — *La Double Echelle*. In-8°. P. C. F.
Thomas. — *Françoise de Rimini*. In-8°. P. C. F.
Thomas (A.). — *Gille et Gillotin*. In-8°. P. C. F.

210. **Thomas**. — *Mignon*. In-8°. P. C. F.

211. **Thomas**. — *Hamlet*. In-8°. P. C. F.

212. **Terry** (Léonard). — *La Mort de l'Artiste*. In-8°. P. C. F.
Thalberg. — *Florinda*. In-8°. P. C.
Thomy (Charles). — *Jean Mayeux*. Pantomime. In-8° P.
Vasseur (Léon). — *La Petite Reine*. In-8°. P. C. F.
Vercken. — *Pierrot Fantôme*. In-8°. P. C. F.

213. **Tschaikowsky**. — *Eugen Oneguine*. In-8°. P. C. R.
Tschaikowsky. — *Mazeppa*. In-8°. P. C. R.
Tschaikowsky. — *Moscou*. In-8°. P. C. R.
Tschaikowsky. — *Snegorotschka*. Ballet. In-8° P.

214. **de la Tombelle** (F.). — *Chansons et Rêveries*. In-8° P. C. F.
Trépard (Emile). — *Martin et Martine*. In-8°. P. C. F.
Troubetskoij. — *Pygmalion*. Ballet. In-8°. P.
Valenti. — *Embrassons nous Folleville*. In-8°. P. C. F.
Varney. — *Le Moulin Joli*. In-8°. P. C. T.

215. **Verdi**. *Aïda*. In-8°. P. C. F.

216. **Verdi** (G.). — *Othello*. In-8°. P. C. F.

217. **Verdi** (G.). — *Falstaff*. In-8°. P. C. F.

218. **Verdi**. — *La Forza del Destino*. In-8°. P. C. I.
Verdi. — *Giovanna d'Arco*. In-8°. P. C. I.
Verdi. — *I duc Foscari*. In-8°. P. C. I.
Verdi. — *Jerusalem*. In-8°. P. C. F.

219. **Verdi**. — *Ernani*. In-8°. P. C. I.
Verdi. — *Don Carlos*. In-8°. P. C. I.
Verdi. — *Un Ballo in Maschera*. In-8°. P. C. I.

220. **Verdi**. — *Aroldo*. In-8°. P. C. I.
Verdi. — *Attila*. In-8°. P. C. I.
Verdi. — *Le Bal Masqué*. In-8°. P. C. F.

221. **Verdi** (G.). — *Otello*. In-8°. P. C. I.
Verdi. — *Les Vêpres siciliennes*. In-8°. P. C. F.

222. **Verdi**. — *Nabucodonosor*. In-8°. P. C. I.
Verdi. — *Rigoletto*. In-8°. P. C. I. Angl.
Verdi. — *Stiffelio*. In-8°. P. C. I.
Verdi. — *La Traviata*. In-8°. P. C. I. Angl.
Verdi. — *Il Trovatore*. In-8°. P. C. I. Angl.

223. **Verdi**. — *Luisa Miller*. In-8°. P. C. I.
Verdi. — *Macbeth*. In-8°. P. C. I.
Verdi. — *I Masnadieri*. In-8°. P. C. I.
Verdi. — *Messe de Requiem*. In-8°. P. C. L.

224. **Weintgärtner** (Félix). — *Orestes*. P. C. A.
Wormster (Adrien). — *L'enfant prodigue*, pantomine, In-8°. P.
Wormser (A.). — *Clytemnestre*. In-8°. P. C. F.

225. **Wekerlin**. — *L'Inde*. In-8°. P. C. F.
de Wenzel (Léopold). — *La Cour d'amour*, ballet. In-8°. P.
Widor (C.-M.). — *Conte d'Avril*, musique de scène. In-8°. P.
Widor. — *La Korrigane*, ballet. In-8°. P. solo.

226. **Weber**. — *Euryanthe*. In-8°. P. C. F.
Weber. — *Le Freyschütz*. traduction de Rongé. In-8°. P. C. F.
Weber. — *Le Freysbchütz*, avec récits de Berlioz. In-8°. P. C. F.
Weber. — *Obéron*. In-8°. P. C. F.
Weber. — *Sylvana*. In-8°. P. C. F.

227. **Vidal** (Paul). — *La Maladetta*, ballet. In-8°.
Vidal (Paul). — *Noël*. In-8°. P. C. F.
Vierling. — *Der Raub der Sabinnerin*. In-8°. P. C. A.
Villate. — *Zilia*. P. C. I.

228. **Weigl** (J.). — *Das Waisenhaus*. Obl. P. C. A.
Winter (P.). — *Calipso*. Oblong. P. C. I et A.
Winter (P.). — *Die Bruder als Nebenbuhler*,(*I fratelli rivali*). Oblong. P. C. I. et A.
Winter (P.). — *Das Labyrinth oder der Kamf mit den Elementen der Zauberflöte Zweiter Theil*. Oblong. P. C. A.
Winter (P.). — *Requiem*. Oblong. P. C. et A.

229. **Storace** (Stephen). — *Mahmoud The Tron Chest*. Oblong.P. C. Angl.
Weber (C.-M.). — *Der Erste Ton. Hymne. Jubel Cantate. Naturund Liebe. Hamf und Sieg*. Olbong. P. C. A.

230. **Schweitzer**. — *Alceste*. Oblong. P. C. A.
Spohr (L.). — *Der Fall Babylons*.
Türk (G.). — *Die Hirten bey der Krippe zu Betlehem*. Oblong. P. C. A..
Wranitzky (P.). — *Oberon, König der Elfen*. Oblong. P. C. A.
Zumsteeg (J.-R.). — *Lenore*. Obl. P. C. A.

231. **Salieri** (A.). — *Falstaff*. Oblong. P. C. I.
Schicht (J.-G.). — *Preis der Dichtkunst*. Oblong. P. C. A.
Slicht (J.-G.). — *Die Feyer der Christen auf Golgotha*. Oblong. P. C. A.
Schneider (Fried.). — *Gideon*. Oblong. P. C. A.
Schneider (Friedrich). — *Das Weltbericht*. In-4°. P. C. A.

232. **Schneider** (F.). — *Gethsemane und Golgotha*. In-4°. P. C. A.
Schneider (Friedrich). — *Die Sündflucht*. Oblong. P. C. A.
Schulz (J.-A.-P.). — *Aline, reine de Golconde*. Obl. P. C. F. A.
Della Maria. *L'Oncle Valet*. Obl. P. C. F. A.
Dalayrac. — *Les deux petits Savoyards* (*Die beyde kleine Savoyarden*. Obl. P. C. F. A.

233. **Chérubini**. — *Elise*. Oblong. P. C. F. A.
Dalayrac. — *La Maison à vendre*. Oblong. P. C. A. F.
Pacini (G.). — *Saffo*. In-4°. P. C. I.
Onslow (G.). — *La Colporteur*. Oblong. P. C. F. A.
Onslow (G.). — *L'Alcade de la Vega*. Oblong. P. C. F. A.

234. **Gyrowetz**. — *Der Augenartz*. Oblong. P. C. A.
Naumann. — *Amphion*. Oblong. P. C. A.
Naumann. — *Cora*. Oblong .P. C. A.
Naumann. — *Psalm mit dem Vater unser*. Oblong P. C. A.
Oestreich (Fried.). — *Lieder und Gesange*. Oblong. P. C. A.

235. **Mozart**. (W.-A.). — *Sancta Maria*; *Hymne und Motetten Te Deum*; *Misericordiias Dominici*; *Litania*. Oblong. P. C. L. A.
Mozart (W.-A.). — *Cantate Davidde penitente*. I.A.; *Messe en* ut *majeur*. L.; *Messe en* sol *majeur*. L.; *Requiem*. L. A.; *Ave Verum Corpus*. L. Oblong. P. C.

236. **Foroni** (Jacopo). — *Margherita*. Obl. P. C. I.
Galuppi (B.). — *Il Mondo alla Roversa*. Obl. P. C. I.
Glâser (F.). — *Das Adlers Horst*. Obl. P. C. Al.
Graun (C.-H.). — *Der Tod Jesu*. Obl. P. C. Al.
Haendel (G.-F.). — *Frohsinn und Schwermuth*. Obl. P. C. A.

237. **Dessauer** (J.). — *Ein Besuch in Sint Cyr*. Obl. P. C. A.
von Dittersdorf. — *Der Apotheker und Doktor*. Obl. P. C. A.
Rossini. — *Elisabeth*. Obl. P. C.
Rossini. — *Le Siège de Corinthe*. Obl. P. C. F.
Rossini. — *Tancrède*. Obl. P. C.

238. **Méhul**. — *Le Trésor supposé* (*Die Schatzgrâber*). Obl. P. C. F. A.
Lortzing. — *Les Méprises*. —Obl. P. C.
Linley. — *The Duenna*. Obl. P. C. Angl.
Lindpaintner (P.). — *Die Pflegekinder*. Obl. P. C. A.
Lindpaintner. — *Die Macht des Liedes*. Obl. P. C. A.

239. **Kühnau** (J.-C.). — *Das Weltgericht*. Obl. P. C. A.
Kreutzer. — *Alimon und Zaïde*. Obl. P. C. A.
Kuhlau (F.). — *Die Raeuberburg*. Obl. P. C. D. A.
Romberg (A.).— *Monolog aus Schiller's Jungfrau von Orleans*.
Weber (C.-M.). — *Serenade von Baggesen*. Obl. P. C. A.
Rolle (J.-H.). — *Saul,* oder die Gewalf der Musik. Obl. P. C. A.

240. **Righini** (V.). — *Gerusalemme liberata*. Obl. P. C. I. A.
Righini (V.). — *La Selva incantata* (*Der Rauberwald*). Obl. P. C. I. A.
Righini. (V.). — *Enea nel Lazio* (*Eneas in Lazium*). Obl. P. C. I. A.
Righini (Vincenzo). — *Armida*. Obl. P. C. I. A.
Reissiger (C.-G.). — *Adèle de Foix*. Obl. P. C. A.

241. **Hauptmann**. — *Messe op* 30.
Franz. — *Kyrie a Capella*. Obl. P. C. Latin.
Marschner. — *Der Vampyr*. Obl. P. C. A.
Marschner (H.). — *Hans Heiling*. Obl. P. C. A.
Martin (Vinc.). — *Una Cosa rara, ossia, Bellezza ed Onesta*. Obl., P. C. I. A.
Mercadante. — *Caritea, Regina di Spagna*. Obl. P. C. I.

242. **Martin** (V.). — *Die gebesserte. Eigensinnige* (*La Cappriciossa corretta*). Obl. P. C. I. A.
Martin (Vinc.). — *L'Arbore de Diana*. (*Der Baum der Diana*). Obl. P. C. I. A.
Méhul. — *Hélène*. Obl. P. C. F. A.
Paër (F.). — *Camilla*. Obl. P. C. I. A.
Paër. — *Griselda*. Obl. P .C. I.

243. **Himmel** (F.-H.). — *Fanchon des Leyermädchen*. Obl. P. C. A.
Himmel (H.). — *Die Sylphen*. Obl. P. C. A.
Pacini. — *L'Ultimo Giorno di Pompei*. Obl. P. solo.
Paër (F.). — *Sargino, ossia l'alliero dell' Amore*. Obl. P. C.
Paisiello. — *Die schöne Müllerin. La Molinara*. Obl. P. C. I. A.

244. **Hassler** (L.). — *Psalmen und geistliche Lieder*. Obl. P. C. A.
Haydn (J.). — *Ritter Roland*. Obl. P. C. A.
Hérold. — *Les Rosières*. In-8°. P. C. F.
Hérold (F.). — *Die Tanschung*. (*L'Illusion*). Obl. P. C. F. A.
Meyerbeer. — *Emma von Roxburgh*. Obl. P. C. I. A.

245. **Drieberg**. — *Don Taccara*. Obl. P. C. A.
Glück. — *Don Juan*. Ballet. P. Obl.
Hummel (J.-N.). — *Mathilde von Guise*. Obl. P. C. I.
Spohr (L.). — *Die letzten Dinge. Des Heilands letzten Stunder Der Fall Babylons*. Obl. P. C. A.

246. **Schumann**. — *Faust*. In-8° P. C. A.
Spohr. — *Faust*. In-8°. P. C. Angl. A.
Pergolesi (G.-B.). — *Li Vietta e Tracallo*. In-8°. P. C. F.
Pergolesi (G.-B.). — *Servante Maitresse*. In-8°. P. C. I.
Guimet (Emile). — *Le Feu du Ciel*. In-8°. P. C. F.

247. **Edward Elgar**. — *Le Songe de Gerontius*. In-8°. P. C. F.
Edward Elgar. — *The Apostles*. In-8°. P. C. Angl.
Edward Elgar. — *King Olaf*. In-8°. P. C. Angl.

Edward Elgar. — *Caractacas.* In-8° P. C. Angl.
Edward Elgar. — *The black Knight.* In-8°. P. C. Angl.

248. Duny. — *La Clochette.* In-8°. P. C. F.
Guimet (Emile). — *Tai-Tsoung.* In-8° P. C. F.
de Grandval (C.). — *Sainte-Agnès.* In-8°. P. C. F.
Fioravanti. — *Cantatrici. Villane.* In-8° P. C. I.

249. Bemberg (H.). — *La Mort de Jeanne d'Arc.* In-8°. P. C. F.
Bemberg (H.) **et de Lorey** (E.). — *Leïlah.* P. C. F.
Abt (Fr.). — *Cinderella.* In-8°. P. C. Angl.
Diemer (P.-H.). — *Bethany cantate.* P. C. Angl.
Dupont (Aug.). — *Poème d'Amour.* In-8°. P. C. F.

ÉDITIONS EN FORMAT IN-QUARTO.

250. Adam. — *Le Fidèle Berger.* In-4°. P. C. F. A.
Adam. — *Le Postillon de Longjumeau.* In-4°. P. C. F. A.
Adam. — *La Poupée de Nuremberg.* In-4°. P. C. F. A.
Auber. — *Le Dieu et la Bayadère.* In-4°. P. C. F. A.
Auber. — *Le Duc d'Olonne.* In-4°. P. C. F. A.

251. Adam. — *La Reine d'un jour.* In-4°. P. C. F. A.
Alary. — *La Rédemption.* In-4°. P. C. F.
Astorga (L.). — *Stabat Mater.* In-4°. P. C. L.
Auber. — *Actéon.* In-4°. P. C. F.
Auber. — *L'Ambassadrice.* In-4°. P. C. F. A.

252. Adam. — *Régine.* In-4°. P. C. F. A.
Boris-Scheel. — *Tamara.* In-4°. P. C. F. R.
Bruch (Max). — *Die Loreley.* In-8°. P.
Dalayrac. — *Adolphe et Clara.* In-4°. P. C. F.
Dargomysky. — *La Fête de Bacchus.* In-4°. P. C. R.

253. Borodine. — *Le Prince Igor.* In-4°. P. C. R. F. A.

254. Auber. — *Le Serment.* In-4°. P. C. F.
Auber. — *Zanetta.* In-4°. P. C. F. A.
Bruch (Max). — *Odysseus.* In-4°. P. C. A.
Beethoven (L. van). — *Prométhée.* In-4°. P.
Boïeldieu. — *Les Deux Nuits.* In-4°. P. C. F.

255. Bellini. — *Norma.* Obl. P. C. I.
Benedict. — *Der Zigeunerin Warnung.* In-4°. P. C. A.
Auber. — *Lestocq.* In-4°. P. C. F. A.

256. Auber. — *Gustave ou le Bal masqué.* In-4°. P. C. F.
Auber. — *Haydée.* In-4°. P. C. F. A.
Auber. — *Marco Spada.* In-4°. P. C. F.

257. Castil-Blaze. — *Monsieur de Pourceaugnac.* In-4°. P. C. F. I.
Auber. — *La Fiancée.* In-4°. P. C. F. A.
Auber. — *L'Enfant prodigue.* In-4°. P. C. F.

258. **Bruch** (Max). — *Die Birken und die Erlen.* In-4°. P. C. A.
Carafa. — *La Prison d'Edimbourg.* In-4°. P. C. F. A.
Cherubini. — *Medea.* In-4°. P. C. F. A.
Donizetti. — *Les Martyrs.* In-4°. P. C. F.

259. **Castil-Blaze.** — *Bernabo.* In-4°. P. C. F.
Castil-Blaze. — *La Forêt de Sénart.* In-4°. P. C. F.
Grisar. — *Les Porcherons.* In-4°. P. C. F. A.
Grisar. — *Bonsoir M. Pantalon.* In-4°. P. C. F. A.

260. **Deprosse** (Anton). — *Die Salbung David's.* In-4°. P. C. A.
Donizetti (G.). — *Adelia.* In-4°. P. C. I.
Gomis (S.-M.). — *Le Diable à Séville.* In-4°. P. C. F. A.
Gounod (C.). — *La Nonne sanglante.* In-4°. P. C. F.

261. **Donizetti.** — *Eleonora di Guienne.* In-4°. P. C. I.
Donizetti. — *Lucia di Lammermoor.* In-8°. P. C. I. Angl.
Donizetti (G.). — *Marino Faliero.* In-4°. P. C. I.
Donizetti (G.). — *Torquato Tasso.* In-4°. P. C. I.

262. **Cimarosa.** — *Il Matrimonio Segreto.* In-4°. P. C. I.
Curschmann (Fr.). — *Abdul und Erinieh.* Obl. P. C. A.
Donizetti (G.). — *Maria di Rudenz.* Obl. P. C. A. I.
Ellerton (J.-L.). — *Paradise Lost.* In-4°. P. C. Angl.

263. **Gevaert** (F.-A.). — *Adieux à la Mer.* In-4°. P. C. F.
Gevaert (F.-A.). — *La Comédie à la Ville.* In-4°. P. C. F.
Gevaert. — *Hugues de Zomerghem.* In-4°. P. C. F.

264. **Gluck.** — *Iphigénie en Tauride.* Réduction Govaert. In-8°. P. C. F.
Gluck. — *Armide.* P. C. F. A. In-4°.

265. **Gomes** (A.-C.). — *Fosca.* In-4°. P. C. I.

266. **Brahms** (Johannes). — *Ein deutsches Requiem.* In4°. P. C. A.
Chabrier (C.). — *Briséis.* In-4°. P. C. F.
Chausson (E.). — *Recueil de Mélodies.* Édition Hamelle. Œuvres diverses. In-4°. P. S.

267. **Meyerbeer** (J.). — *Geistliche Lieder.* In-4°. P. C. A.
Meyerbeer. — *Il Crociato in Egitto.* In-4°. P. C. I.
Niedermeyer (L.). — *La Casa nel Bosco.* In-4°. P. C. I.
Niedermeyer (L.). — *Messe Solennelle à 4 voix.* In-4°. P. C. L.
Pacini (G.). — *Saffo.* In-4°. P. C. I.

268. **Mercadante.** — *Leonora.* In-4°. P. C. I.
Niedermeyer (L.). — *Stradella,* avec lettre de Gevaert. In-4°. P. C. F.
Moniuzsko. — *Halka.* In-4°. P.
Mozart. — *Titus.* In-4°. P. C. I. A.
Pedrelt (F.) avec dédicace de l'auteur. — *Los Pirineos.* In-4°. P. C. C. I. F.
Pierné (Gabriel). — *L'An Mil.* In-4°. P. C. F.

270. **Nicolaï.** — *Die Heimkehr des Verbannten.* in-4°. P. C. A.
Persiani. — *Inès de Castro.* In-4°. P. C. I.
Reber (H.). — *La Nuit de Noël.* In-4°. P. C. F.

271. **Ponchielli** (A.). — *I Promessi Sposi.* In-4°. P. C. I.
Raff (Joachim). — *Die Tageszeiten.* In-4°. P. C. A.
von Reznicek (E.-N.). — *Donna Diana.* In-4°. P. C. A.

272. **Grisar.** — *Sarah.* In-4°. P. C. F. A.
Haendel (G.-F.). — *Esther.* In-4°. P. C. A. Angl.
Halevy. — *Guido et Ginevra.* In-4°. P. C. F.
Mayer (Simon). — *Ginevra di Scozia.* In-4°. P. C. I.

273. **Kuhlau** (Fried). — *Elisa oder Freundschaft und Liebe.* Obl. P. C. A. D.
Mathieu (Emile). — *Le Sorbier.* In-4°. P. C. F.
Mendelssohn. — *Die erste Walpurgisnacht.* In-4°. P. C. A.
Meyerbeer. — *Marguerite d'Anjou.* In-4°. P. C. F.

274. **Lassen** (Edouard). — *König Œdipus.* In-4°. P. C. A.
Lebeau. — *La Esmeralda.* In-4°. P. C. I.
Mayer (S.). — *Medea in Corinto.* In-4°. P. C. I.
Meinardus (Ludwig). — *Gideon.* In-4°. P. C. A.

275. **Lachner.** — *Catharina Cornaro.* In-4°. P. C. A.
Lachner (Franz). — *Requiem.* In-4°. P. C. L. A.
Litolff (Henry). — *Die Braut von Kynast.* In-4°. P. C. A.
Loewe (Carl). — *Gutenberg.* — In-4°. P. C. A.

276. **Lebeau.** — *Esmeralda.* In-4°. P. C. I.
Lindpainter (P.). — *Die Sicilianische Vesper.* In-4°. P. C. A.
Lortzing (Albert). — *Hans Sachs.* In-4°. P. C. A.
Marliani. — *La Xacarilla.* In-4°. P. C. F.

277. **Jullien** (L.-G.). — *Pietro il Grande.* In-4°. P. C. I. Angl.

278. **Husson.** — *La Fête des Bois.* Ballet. In-4°. P. solo, 4 mains.
de Lajarte (Théod.). — *Le Secret de l'Oncle Vincent.* In-4°. P. C. F.
Limnander. — *Les Monténégrins.* In-8°. P. C. F.
Limpus (H.-Fr.). — *The Prodigal's Return.* In-4°. P. C. Angl.

279. **Hérold.** — *Zampa.* In-4°. P. C. Allem. Fr.
Hiller (Ferd.). — *Die Zerstörung Jerusalem. Lorley.* In-4°. P. C. Allem.
Meyerbeer. — *Emma von Roxburg.* Obl. P. C. Allem. Ital.

280. **Haendel** (G.-F.). — *Jephta. Joseph.* In-4°. P. C. Allem. Angl.
Hérold. — *La Médecine sans médecin.* In-4°. P. C. Allem. Fr.
Hérold. — *Le Pré aux Clercs.* In-4°. P. C. F.

281. **Holmès** (Auguste). — *Ode Triomphale.* In-4°. P. C. F.
Hubay (J.). — *Aliénor.* P. C. Fr. Allem.

Mendelssohn. — Op 10. *Die Hochzeit des Camacho.* P. C. In-4°. Allem.

282. **Massenet** (Jules). — *Sapho.* In-4°. P. C. F.

283. **Rossi** (Lauro). — *La Comtessa di Mons.* In-4°. P. C. I.
Rossini (G.). — *Stabat Mater.* In-4°. P. C. L. et Angl.
Wallace. — *Maritana.* In-4°. P. C. A.
Wallace. — *Lurline.* In-4°. P. C. A.

284. **Halevy**. — *La Juive.* In-4°. P. C. F.
Thomas (Ambroise). — *Mina.* In-4°. P. C. Fr. Allem.

285. **Schumann** (Robert). — *Genoveva.* Ouvertures à 4 mains : Genoveva ; Braut von Messina ; Faust. Trois fantaisies p. piano op 111 In-4°. Allem.
Schumann. — *Manfred.* In-8°. P. C. F.
Schumann (Robert). — *Messe en ut min. op 147. Requiem en ré bém. maj. op 148.* In-4°. P. C. L.
Taubert (Wilhelm). — *Der Sturm.* In-4°. P. C. Allem.
Zenger (Max). — *Kain.* In-4°. P. C. Allem.

286. **Schneider** (Fr.). — *Das Weltgericht.* In-4°. P. C. Allem.
Scholz (Bernhard). — *Requiem.* In-4°. P. C. L.
Spontini. — *La Vestale.* In-4°. P. C. F.
Schubert (Franz). — *Lazarus.* In-4°. P. C. Allem.

287. **Rossini** (G.). — *Armida.* In-4°. P. C. I
Rossini. — *Il Barbiere di Siviglia.* In-8°. P. C. I.
Schubert (Fr.). — *Grosse Messe in G.* In-4°. P. C. L.
Vogt (Johann). — *Die Auferweckung des Lazarus.* In-4°. P. C. Allem.

288. **Rossini** (G.). — *Otello.* In-4°. P. C. I.
Rubinstein (Ant.). — *Der Thurm zu Babel.* In-4°. P. C. Allem.
Schindelmeiner (L.). — *Melusine.* In-4°. P. C. Allem.
Schneider (F.). — *Gethsemane und Golgotha.* Obl. P. C. Allem.

289. **Ernest II**. — *Casilda.* In-4°. P. C. Allem.
Rossini (G). — *Complainte à la Vierge.* In-4°. P. C. F.
Rossini (G.). — *L'Italienne à Alger.* In-4°. P. C. F.
Schmidt (Gustave). — *Prinz Eugen der edle Ritter.* In-4°. P. C. Allem.

290. **Rubinstein** (Ant.). — *Die Kinder der Haide.* In-4°. P. C. Allem.
Rubinstein (Ant.). — *Das verlorene Paradis.* In-4°. P. C. Allem.
Tschaïkowsky (P.). — *Le Lac des Cygnes.* Ballet. In-4°. P. R.

291. **Ries** (Ferd.). — *Die Raüberbraut.* Obl. P. C. Allem. Ital.
Reissiger (C.-G.). — *Libella.* Obl. Allem. P. C.
Rossini. — *Othello.* Obl. P. C. Ital. Allem.

292. **Halévy** (F.). — *La Tentation* avec les ballets de C. Gide. In-4°. P. C. F.
Hiller (F.). — *Der Deserteur.* In-4°. P. C. Allem.
Holbrooke. — *Apollo and the Seaman.* In-4°. P. C. Angl.
Pergolèse. — *Stabat Mater.* In-4°. P. C. L.

293. **Mozart.** — *Cosi fan tutte.* In-4°. P. C. Ital. Allem.
Reinecke (Carl.). — *Ein geistliches Abendlied. Belsazar. Schlachtlied.* In-4°. P. C. Allem.
Reinecke (Carl.). — *König Manfred.* In-4°. P. C. Allem.
Reinecke (Carl). — *Sommertagsbilder.* In-4°. P. C. Allem. Angl.

294. **Glück-Bülow.** — *Iphigénie en Aulide.* Éd. Breitkopf. In-4°. P. C. Allem.
Pilati (A.). et de **Flotow.** — *Le Naufrage de la Méduse.* In-4° P. C. F.
Weigl (J.). — *Emmeline ou la Famille Suisse.* In-4°. P. C. Fr. Ital.
Winter. — *Le Sacrifice interrompu.* In-4°. P. C. F.

295. **Franz** (Rob.). — *Psalm CXVII op* 19 A.
Kiel (Fried.). — *Der* 130n *Psalm op* 29 A. *Te Deum,* op 46 L.
Rheinberger (Jos.). — *Stabat Mater* op 16 L. Allem.
Rietz (Julius). — *Te Deum* op 50. L.
Hauptmann (M.). — 3 *Kirchenstücke* op 48. Allem.
Rheinberger (J.). — *Hymne,* op 35. Allem.
Rietz (J.). — *Offertorum* op 48. Lat. Allem.
Reinecke (C.). — 2 *Geistliche Gesänge* op 96 L. Allem. *Missa,* op 95. L.
Weber. — *Silvana.* In-4°. P. C. Allem. Ital.
Wylde (Henry). — *Milton's Paradise Lost.* In-4°. P. C. A.

296. **Rossini** (G.). — *Zelmira.* In-4°. P. C. I.
Rossini (G.). — *Ricciardo è Zoraïde.* In-4°. P. C. I.
Rossini. — *Moïse.* In-4°. P. C. F.
Rossini (G.). — *Sigismondo.* In-4°. P. C. I.

297. **Rheinberger** (Jos.). —*Die 7 Raben.* In-4°. P. C. A.
Rossini. — *La Dona del Lago.* In-4°. P. C. I.
Rossini. — *La Cenerentola.* In-4°. P. C. I.

298. **Ricci** (L.-F.). — *Crispino è la Comare.* In-4°. P. C. I.
Ricci (L.). — *Un' Aventura di Scaramuccia.* In-4°. P. C. I.
Rossini. — *Gazza Ladra.* Oblong. P. C.

299. **Radoux** (Théod.). — *Patria.* In-4°. P. C. F.

299. **Thomé.** *Djemmah,* ballet. In-4°. P.

300. **M*****, attribué à **Mousigny.** — *Le Cadi dupé.* In-4°. P. C. F.
Marcello. — *Arianna.* In-8°. P. C. I.
Glück. — *Le Cadi dupé.* In-4°. P. C. A.

301. **Naumbourg** (S.). — *Recueil de chants populaires des Israélites.* In-4°. P. C. F.
Samuel (Ed.). — *Répertoire liturgique de la Synagogue de Bruxelles.* In-8°. Vol. 1-2-3.
Samuel (Ed.). — *Répertoire liturgique de la Synagogue de Bruxelles.* In-8°. Vol. 4-5.

302. **Youferoff.** — *Myrrha.* In-8°. P. C. F. Russe.

303. **De Lajartie** (Th.). — *Les Jumeaux de Bergame.* P. C. F.
Van den Eeden (J.). — *Rhëna.* P. C. F.
Viardot (L.-H.). — *Feu du Ciel.* In-4°. F. A.

304. **Tanérew** (S.). — *L'Orestie.* In-4°. P. C. F. A. Russe.

305. **Strauss** (R.). — *Elektra.* In-4°. P. C. F. I.
Strauss (R.). — *Feuersnot.* In-4°. P. C. A.

306. **Strauss** (R.). — *Légende de Saint-Joseph.* P.
Strauss (R.). — *Feu de la Saint-Jean.* In-4°. P. C. F.

307. **Strauss** (R.). — *Salomé.* In-4°. P. C. F.

308. **Strauss** (Richard). — *Guntram.* In-4°. P. C. A.
Strauss (R.). — *Chevalier à la rose.* In-4°. F.

309. **Schutz.** — *Chœurs d'Athalie.* 2 vol. Oblong. F.
Smetana. — *Dalibor.* In-4°. P. C. A.

310. **Radoux** (Ch.). — *Oudelette.* In-4°. P. C. F.
Ravel (M.). — *Daphnis et Chloé.* In-4°. P.
Ravel (M.). — *L'Heure espagnole.* In-8°. P. C. F.

311. **Massenet** (J.). — *Ariane.* In-8°. P. C. F.
Messager (A.). — *Béatrice.* In-8°. P. C. F.

312. **Dukas** (P.). — *Ariane et Barbe-Bleue.* In-8°. P. C. F.

313. **Charpentier** (G.). — *Julien.* In-4°. P. C. F.
Casdaessus (Fr.). — *Cachaprès.* In-8°. P. C. F.

314. **Favart et Blaise.** — *Annette et Lubin.* In-8°. M. C. F.
De Bussy (Cl.). — *Martyre de Saint-Sébastien.* In-8°. P. C. F.
Erlanger (C.). — *Aphrodite.* In-8°. P. C. F.

315. **Humperdinck** (E.). — *Les roitelets.* P. C. F. A.
Gläser (Fr.). — *Der Rattensänger von Hameln.* In-4°. P. C. A.
Bleck (Léo). — *Versiegelt.* In-4°. P. C. A.

316. **Rimsky-Korsakow.** — *Mlada.* In-4°. P. C. R. F.
Radziwill (A.). — *Faust.* In-4°. P. C. A.
Von Dohnángi. — *Der Schleder der Pierrette.* In-8°. P. solo.

317. **Lehar** (Fr.). — *Roi des montagnes* In-8°. P. C. F.
Strauss (Oscar). — *Rêve de Valse.* In-8°. P. C. F.

318. **Fall** (Léo). — *Divorcée.* In-8°. P. C. F.
Lehar (Fr.). — *Amour tzigane.* In-8°. P. C. F.

319. *Edition nationale des artistes musiciens belges.* 2 vol. In-8°. P. et P. Chant.
Langlois (L.). — *Médecin Volant.* In-8°. P. C. F.
Strawinsky. — *Sacre du printemps.* In-4°. P. quatre mains.
Schmitt (Fl.). — *Tragédie de Salomé.* In-4°. P. quatre mains.

320. **Gevaert** (F.-A.). — *Les Gloires de l'Italie.* 2 vol. P. C. F. I.

321. **Torchi Luigi.**—*L'arte musicale in Italia XIV*e *au XVIII*e *siècle.* In-8° 5 vol. P. C. I.

322. **Expert** (H.). — *Les Maîtres musiciens de la Renaissance française.* 24 vol.

323. **Clérambault** (N.). — *L'amour piqué par une abeille.* In-4°. Ed. Ch. Bordes Schola. P. C. F.
Clérembault (N.). — *Léandre et Hero.* In-4°. Ed. Ch. Bordes Schola. P. C. F.
Clérembault (N.). — *Orphée.* Ed. Ch. Bordes Schola. P. C. F. Deux exemplaires.

324. **Moreau** (J.-B.). — *Esther.* Ed. Ch. Bordes Schola. In-4°. P. C, F.
Moreau (J.-B.). — *Athalie,* Ed. Ch. Bordes Schola. In-4°. P. C. F.

325. **Monteverdi** (Cl.). — *Couronnement de Poppée.* Ed. V. d'Indy Schola. In-4°. P. C. F.
Monteverdi (Cl.).— *Orfeo.* Ed. V. d'Indy. In-4°. P. C. F. Deux exemplaires.

326. **di Cavalieri** (Emilio). — *Rappresantatione di Anima, di Corpo.* In-8°. I.
di Cavalieri (Emilio). — *La naissance de l'Oratorio.* F.
Marcello Benedetto. — *Arianna,* sinfonia. Manuscrit.

327. **Hettich** (A.-L.) — *Maîtres italiens. Ed. Rouart.* Cinq volumes.

328. **Wolf.** — *Lieder.* P. C. Angl. A. Trois vol.

329. **Schumann.** — *Mélodies complètes.* Ed. Boutarel. 1-2-3-4. P. C. F. A. Deux vol.

330. **Brahms.** — *Mélodies choisies.* 1-2-3-4-5-6-7. P. C. F. A. Angl. Chœur allemand. Deux vol.

331. **Mac-Nab.** — *Chansons du Chat noir.* P. C. In-8°. Deux vol.

332. *Semaine Sainte de Saint-Gervais. Messes et Motets à voix mixtes a Capella.* L.

333. **Parisotti.** (A.). — *Arie Antiche.* 1-2-3.

334. **Rameau** (J.-Ph.). — *Hippolythe et Aricie.* Ed. d'Indy Durand. In-4°. P. C. F.

336. Rameau (J.-Ph.). — *Œuvres complètes.* I. *Pièces de clavecin.* Éd. Durand.

335. Rameau (J.-Ph.). — *Œuvres complètes.* IV. *Motets.* 1re série. *In Convertendo. Quam dilecta.* Éd. Durand.
Rameau (J.-Ph.). — *Œuvres complètes.* V. *Motets,* 2e série. *Laboravi; Deux noster refugium; Diligamte, Domine.* Éd. Durand.

336. Rameau (J.Ph.). — *Œuvres complètes.* III. *Cantates.* Éd. Durand.

337. Rameau (J.-Ph.). — *Œuvres complètes.* II. *Musique instrumentale. Pièces de clavecin en concerts; Six concerts en sextuor.* P. C. Deux vol. Édit. Durand.

338. Maitland (F.) and **Barclay.** — *The Fitzwilliam Virginal book* 1-2. P.

339. Debussy (Claude-A.). — *La Demoiselle élue.* In-4°. 1re édition Librairie de l'Art indépendant. P. C. F.

340. Gevaert (F.-A.). — *Traité d'harmonie,* 1re partie.
Gilson (Paul). — *Francesca da Ramini.* Partition d'orchestre.

341. *Parthemia or the first Musick ever printed for the Virginals.*
Monteverdi. — *Couronnement de Poppée.* Copie manuscrite.

342. Mustel. — *L'orgue expressif ou l'harmonie,* 1-2.

343. Wagner (Richard). — *Parsifal.* Version Gautier et Kufferath. In-8°. P. C. F. A.

344. Wagner. — *Parsifal.* In-4°. P. C. A.
Wagner. — *Parsifal.* Version Wilder. P. C. F.

345. Wagner. — *Les Maîtres Chanteurs de Nuremberg.* Version Wilder. In-8°. P. C. F.

346. Wagner. — *Maîtres Chanteurs français.* Version Ernst. In-8°. P. C.

347. Wagner. — *Das Liebesmah'l der Apostel.* P. C. A.
Wagner. — *Die Meistersinger von Nurnberg.* In-4°. P. C. A.

348. Wagner (Richard). — *Le Crépuscule des Dieux.* Version Ernst. In-8°. P. C. F. A.

349. Wagner (R.). — *Crépuscule des Dieux.* Version Wilder. In-8°. P. C. F.

350. Wagner. — *Gotterdammerung* Klindwordt. In-4°. P. C. F.

351. Wagner (R.). — *Siegfried.* Version Ernst. In-4°. P. C. F. A.

352. Wagner. — *Siegfried.* In-4°. P. C. A.

353. Wagner. — *Siegfried.* Version Wilder. In-4°. P. C. F.

354. **Wagner** (Richard). — *La Valkyrie.* Traduction Alfred Ernst. In-8°. P. C. F.
Wagner. — *La Walkyrie.* In-8°. P. C. F.

356. **Wagner**. — *Die Walküre.* Edit. Klindworth. In-4°. P. C. A.

357. **Wagner** (Richard). — *L'or du Rhin.* Traduction Alfred Ernst. In-8°. P. C. F.

358. **Wagner** (Richard). — *L'or du Rhin.* Edit. Wilder. In-8°. P. C. F.

359. **Wagner**. — *Rheingold.* Edit. Klindworth. In-4°. P. C. A.

360. **Wagner**. — *Tristan et Yseult.* Version Wilder. In-8°. P. C. F.

361. **Wagner** (R.). — *Tristan et Yseult.* Version Ernst. In-8°. P. C. F. A.

362. **Wagner**. — *Tristan.* Version Wilder. In-8°. P. C. F. Usagée.
Wagner. — *Tristan und Isolde.* In-8°. P. C. A.

363. **Wagner**. — *Tannhäuser.* In-8°. P. C. F.
Wagner. — *Lohengrin.* Version Nuitter. In-8°. P. C. F.
Wagner. — *Le Vaisseau Fantôme.* Version Nuitter. In-8°. P. C. F.
Wagner. — *Rienzi.* Version Nuitter. In-8°. P. C. F.

364. **Wagner** (R.). — *Lohengrin.* Traduction française de V. Wilder In-8°. P. C.

365. **Wagner** (Richard). — *Die Feen.* In-8°. P. C. A.
Wagner (R.). — *Vaisseau fantôme.* P. quatre mains.

366. **Delibes**. — *Deux Vieilles gardes.* In-8°. P. C.
Hervé. — *Les Turcs.* In-8°. P. C.
Delibes. — *L'Ecossais de Chabou.* In-8°. P. C.
Offenbach. — *Pierrette et Jacquot.* In-8°. P. C.
Offenbach. — *Le Pont des Soupirs.* In-8°. P. C.
Offenbach. — *Princesse de Trébizonde.* In-8°. P. C.
Offenbach. — *Robinson Crusoé.* In-8°. P. C. F.
Offenbach. — *Le roi Carotte.* In-8°. P. C.
Offenbach. — *La romance de la rose.* In-8°. P. C.
Offenbach. — *La rose de Saint-Flour.* In-8°. P. C.

367. **Berré** (F.). — *Le Couteau de Castille.* In-8°. P. C.
Caryll (Ivan). — *The Shop Girl.* P. C. Angl.
Demol (Ph.). — *Le Chanteur de Médine.* In-8°. P. C.
Offenbach. — *Il Signor Fagotto.* In-8°. P. C. F.
Offenbach. — *Le 66.* In-8°. P. C.
Offenbach. — *Les trois baisers du diable.* In-8°. P. C.
Offenbach. — *Trombalcadar.* In-8°. P. C.
Offenbach. — *Vent du soir.* In-8°. P. C. F.
Offenbach. — *La Vie parisienne.* In-8°. P. C.

Offenbach. — *Le Violoneux*. In-8°. P. C.

368. **Clérice**. — *Royal Star*. In-8°. P. C. F.
Delibes. — *L'omelette à la Follembucke*. In-8°. P. C. F.
Delibes. — *Six demoiselles à marier*. In-8°. P. C. F.
Dorgeval. — *Ivan IV*. In-8°. P. C. F.
Offenbach. — *Les deux pêcheurs*. In-8°. P. C. F.
Offenbach. — *Une demoiselle en loterie*. In-8°. P. C. F.
Offenbach. — *Daphnrs et Chloé*. In-8°. P. C. F.
Offenbach. — *Croquefer*. In-8°. P. C. F.
Offenbach. — *M. Choufleuri*. In-8°. P. C. F.
Offenbach. — *La Chambre métamorphosée*. In-8°. P. C. F.

369. **Offenbach**. — *Foire Saint-Laurent*. In-8°. P. C. F.
Offenbach. — *Financier et Savetier*. In-8°. P. C. F.
Offenbach. — *Fantasio*. In-8°. P. C. F.
Offenbach. — *Dragonnette*. In-8°. P. C. F.
Offenbach. — *Le Mari à la porte*. In-8°. P. C. F.
Offenbach. — *La Nuit blanche*. In-8°. P. C. F.
Offenbach. — *M. et Mme Devis*. In-8°. P. C. F.
Offenbach. — *Mesdames de la Halle*. In-8°. P. C. F.
Offenbach. — *Orphée aux enfers*. In-8°. P. C. F.
Offenbach. — *La Permission de dix heures*. In-8°. P. C. F.

370. **Offenbach**. — *Périchole*. In-8°. P. C. F.
Offenbach. — *Mesdames de la Halle*. In-8°. P. C. F.
Hervé. — *Trône d'Ecosse*. In-8°. P. C. F.
Hervé. — *Nuit aux soufflets*. In-8°. P. C. F.
Hervé. — *Toinette et son carabinier*. In-8°. P. C. F.
Hervé. — *Petit Faust*. In-8°. P. C. F.
Hervé. — *L'Œil crevé*. In-8°. P. C. F.
Lecocq. — *Le beau Dunois*. In-8°. P. C. F.
Lecocq. — *La Camargo*. In-8°. P. C. F.
Jonas. — *Deux Arlequins*. In-8°. P. C. F.

371. **Nicolo-Rendez**. — *Vous bourgeois*. In-8°. P. C. F.
Waucamp (Edm.). — *Les deux flacons*. In-8°. P. C. F.
Hervé. — *Estelle et Némozin*. In-8°. P. C. F.
Hervé. — *Chilpéric*. In-8°. P. C. F.
Hervé. — *Le joueur de flûte*. In-8°. P. C. F.
Terrasse (Cl.). — *Pâris ou le bon juge*. In-8°. P. C. F.
Offenbach. — *Les Bavards*. In-8°. P. C. F.
Offenbach. — *Les Braconniers*. In-8°. P. C. F.
Offenbach. — *Jolie parfumeuse*. In-8°. P. C. F.
Offenbach. — *Madame Favart*. In-8°. P. C. F.

372. **Offenbach**. — *Lischen et Fritzchen*. In-8°. P. C. F.
Offenbach. — *Pomme d'Api*. In-8°. P. C. F.
Offenbach. — *Croquefer*. In-8°. P. C. F.
Offenbach. — *Moucheron*. In-8°. P. C. F.

Offenbach. — *Geneviève de Brabant.* In-8°. P. C. F.
Offenbach. — *Jeanne qui pleure et Jean qui rit rit.* In-8°. P. C. F.
Offenbach. — *L'Ile de Tulipatan.* In-8°. P. C. F.
Offenbach. — *La grande duchesse de Gérolstein.* In-8°. P. C. F.
Offenbach. — *Mariage aux lanternes.* In-8°. P. C. F.
Offenbach. — *Madame l'Archiduc.* In-8°. P. C. F.

373. Offenbach. — *Georgiennes.* In-8°. P. C. F.
Offenbach. — *Boule de neige.* In-8°. P. C. F.
Offenbach. — *La boulangère a des écus.* In-8°. P. C. F.
Offenbach. — *La bonne d'enfants.* In-8°. P. C. F.
Offenbach. — *Château à Toto.* In-8°. P. C. F.
Offenbach. — *Chanson de Fortunio.* In-8°. P. C. F.
Offenbach. — *Brigands.* In-8°. P. C. F.
Offenbach. — *Barbe-Bleue.* In-8°. P. C. F.
Offenbach. — *Ba-ta-Clan.* In-8°. P. C. F.
Offenbach. — *Bagatelle.* In-8°. P. C. F.

374. Offenbach. — *Belle Hélène.* In-8°. P. C. F.
Offenbach. — *Boîte au lait.* In-8°. P. C. F.
Offenbach. — *Fleurette oder Näherin und Trompetter.* In-8° P. C. A.
Gilbert (S.) et Sullivan (A.). — *Princess Ida.* In-8°. P. C. Angl.
Gilbert (S.) et Sullivan (A.). — *Patience.* In-8°. P. C. Angl.
Mouckton (Lionel)et Carill (Yvan). — *A runaway Girl.* In-8°. P. C. Angl.

375. Proch (H.). — *Trente Mélodies.* P. C. F.
Chélard. — *Symphonies vocales.*
Lefèbure. — *Vade Mecum de l'organiste.*
Fauconnier. — *Cinq Messes solennelles.*

376. Déodat de Sévérac. — *Vieilles Chansons de France.*
de Ravarde. — *Diane et Eudymiou.*
Masson. — *Chants de Carnavals florentins.*
Rouart (Ed.). — *Chansons de France.*

377. de Lajarte. — *Le Secret de l'oncle Vincent.* P. C.
Clapissou. — *La Fauchonnette.* P. C.
Offenbach. — *Contes d'Hoffmann.* P. C.

378. Valerius. — *Oud Nederlandsche Liederen.*
Sweelinck. — *Regina Cœli.*
Sweelinck. — *Orgelstukken.*
Sweelinck. — *Psalmen.*
Obrecht. — *Missa.*
Boscoop. — 50 *Psalmen.*
Obrecht. — *Passio Jesu-Christi.*
Van Noordt (A..) — *Tabulatuur boek.*
Van Riemsdijk. — 24 *Liederen, XV en XVI eeuw.*

378. **Reinken** (J.-B.). — *Partite diversa.*
Jautequin (Cl.). — *Bataille de Marignan.* 4 voix mixtes.

379. **Rôutgen.** — *Oud Hollandsch Boerenliedjes.* l. 1-2, V. P.
Van Duyse. — *Den Duytsch Musyck boeck.* 4 voix mixtes.
Röntgen. — *Nederlandsch Dansen.* 4 mains.
Tollius. — *Madrigalen,* 1597. 6 voix.
Jaunnequin. — *Les Cris de Paris.* 4 voix mixtes.
Wanning. — *Bloemlezing.*
Sweelinck. — *Chanson.*
Sweelinck. — *Psalmen.*
Schuyt. — *Madrigalen.*
Loman. — 12 *Geuzelidjes.* P. C.

380. **Van Riemsdyk.** — *Oud Nederlandsche Danswijzen.* P. 4 mains.
Enschedé. — *Marschen.* P. 2 mains.
Röntgen. — *Nederlandsche Dansen.* P. 4 mains.
Van Duyse. — *Het ierste Musyck boexken.* 4 voix mixtes.
Wolf. — 25 *Oud Nederlandsche Liederen.* 3 voix.
Rön:gen. — *Oud Hollandsche boerenliedjes.* V. P.
Schmid. — *Ausgew:hlste Werken der Instrumental musik.*
Van Wasilewski. — *Instrumentalsätze XVIe en XVIIe siècles.* 1-2.
Muffat (G.). — *Apparatus musico organisticus.*
Gilles Binchois. — 6 *Dreistimmige. Chansons* 1425.
Reinken. — *Hortus Musicus.*
Locatelli. — 2 *Sonates.* P:n P.
Hurlebasch. — *Compositioni per il Cimbalo.*
(Melchior Borchgreving). — *Orkestcomposities van Nederlandsche Meesters. XVIIe eeuw.*

381. **Reinken.** — *Hortus Musicus.* Partition 1er et 2d V.
Schenk. — *Scherzi Musicale.* Viole de gambe et basse continue. 2 exemplaires.

382. *Biblioteca Rarita Musicali.* 8 volumes.
Monteverde (Tirabassi). — *Messa.*

383. **Wotquenne.** — *Chansons italiennes XVIe siècle.*
Squire. — *Madrigale XVIe et XVIIe siècles.*
Palestrina. — *Motets.*
di Lasso (O.). — *Cantiones.*
Œuvres de Monteverdi, Radivo, Gombert, de la Rue.
Josquin Deprez. — *Compositions,* 4-5-6 voix.
Gay (J.). — *Beggar 's opera.*
Münzer (G.). — *Das Singebùch des Adam Puschman.*

384. **Spinetti.** — *Treize poésies de Ronsard.* P. C.
Blanc et Dauphin. — *Scènes et paysages,* 4 mains.
Fragerolle. — *Tentation de Saint-Antoine. Ombres de Rivière.*
Georges (A.). — *Chemin de Croix.*
Dupont (G.). — *Légende humaine.*

385. **Xanrof.** — *Chanson à Madame.*
Fragerolle. — *Le Sphinx.*
Fragerolle. — *Marche à l'Etoile.*
Fragerolle. — *Enfant-Dieu.*
Dalom. — *Tafvelgalleri.* Illustrations de Dalecarlie.

386. **Castil-Blaze.** — *Théâtres lyriques de Paris,* 1100-1855.
Blanc et Dauphin. — *Chansons d'Ecosse et de Bretagne.*
Nadaud. — *Chansons légères.*
Chansons patriotiques de la grande guerre.

387. **Vieux Noëls,** illustrés par l'abbé Rastier, dé. 1867, dessins par Hadol.
Fragerolle. — *Enfant-Dieu. Vieux Noëls.*
Album du Gaulois, 3 vol.
Albums Musica, 9 fascicules.
Donizetti. — *Rêveries napolitaines.* P. et C.
Recueil de chansonnettes, chantées par Mme Judic.

389. **Album de Tangos.**
Strauss, Gungl, Orban, etc. — *Albums de danses (Valses, quadrilles).*

390. **Zwei Opoera Burlesken aüs der Rokokozeit.** F. A.
Breitkopf, (Ed.). — *Liederkreis.*
Lachinen gesângen.
Haydn. — *Création.* A.
Moortgat. — *Geestelijke Liederkraus.*
Astorga, Brach, Beethoven, Haydn. — *Operas et oratorios.* A.
Diebold. — *Orgelstücke.*

391. **Krause.** — *Op.* 57. *Etudes violon.*
Milandre. — *Méthode facile pour viole d'amour.*
Dubois, Lemmens, Mailly, etc. — *Recueil de pièces pour harmonium.*
Deldevez. — *Transcriptions et réalisations d'œuvres anciennes.*
Balhazarini à Glück. — *Chant et orchestre.*

392. **Ecorcheville** (J.). — *Vingt suites d'orchestre du XVIIe siècle.* F. 1-2.

393. **Partitions d'orchestre,** in-8° :
Mozart. — *Deux sérénades.*
Napravnik. — *Danses nationales,* 1-2-3-4.
Rudorff. — *Sérénade.*
Rudorff. — *Variations.*
Tschaikowsky. — *Sérénade.* Partition pour musique militaire.
Weber. — *Invitation à la valse.*

394. **Partition d'orchestre,** in-4° :
Hanssens (Ch.). — *Fantaisie sur des airs nationaux.*

Dupuis (S.). — *Macbeth.*
Riemann. — *Hausmusik aüs alter Zeit*, 1-2-3.
Beethoven. — *Fantaisie*, op. 8°.
Beethoven. — *Elegischer gesang*, op. 118.
Mozart. — *Divertimento*, op. 136, Quartette, Partition et parties.
Glück. — *Six sonates*, 2 violons et basse.
de Fesch, *Sonates*, 2 violons et basse.
Gillier, *Sonates*, 2 violons et basse.
Zomaso Prota, *Sonates*, 2 violons et basse.
Hackson (W.). — *Sonates*, 2 violons et basse.
Humphries (J.-S.). — *Sonates*, 2 violons et basse.

395. Geminiani. — *L'Art de bien accompagner le clavecin.*
Berlioz. — *Harold en Italie*, 4 mains.

396. Wagner.— *Siegfried Idyll.* Partition d'orchestre.
Wagner. — *Lohengrin Prélude.* Violon, I, II, alto-cello.
Dubois (Th.), **Lacombe** (P.), **Hillemacher**, **Huë.** — *Pièces d'orchestre.*
De Greef. — *Ballade.* Partition d'orchestre.
Chabrier. — *Espana.* Partition et pièces d'orchestre.
Divers orchestres.

397. Beethoven. — *Sonates.* Ed. « Diamant » in-16, belle rel., 5 vol.

398. Raff. — *Quatuors.* Partitions in-8°, 1-2 (Ed. Schuberth).
Mozart. — *Quatuors et quintettes.* Partition in-8°. (Ed. Peters).

399. Haydn. — *Quatuors*, 1-83. Partitions in-8°, 5 vol.
Mendelssohn. — *Quatuors.* Partition in-8°.
Mendelssohn. — *Quintette octuor.* — Partition in-8°.

400. Faure. — *La Voix et le chant.*

401. Bordes (Ch.). — *Anthologie des maîtres religieux primitifs.* Vol. 1-2. Ed. de la Schola Cantorum.

402. Wagner (R.). — *Parsifal.* In-16. F. A. Angl.
Partitions d'orchestre. In-4°. A. :
Wagner. (R.) — *Götterdämmerung.* In-4°. A.
Wagner (R.). — *Die Meistersinger von Nürnberg.* In-4°. A.
Wagner (R.). — *Rheingold.* In-4°. A.
Wagner (R.). — *Siegfried.* (In-4°. A.
Wagner (R.). — *Tristan und Isolde.* In-4°. A.
Wagner (R.). — *Die Walküre.* In-4°. A.

403. *Partitions d'orchestre.* In-4°.
Berlioz (H.). — *La Damnation de Faust.* F.
Berlioz (Hector). — *Roméo et Juliette.* In-4°. F.
Berlioz (Hector). — *Harold en Italie.* In-4° F.

Berlioz (H.). — *Grande Messe des Morts.* L.

---

404. **Bach** (J.-S.). — *Œuvres complètes publiées par* la Bachgesellschaft. In-4°. 55 volumes. Magnifique reliure.

---

405. **Grétry**. — *Œuvres complètes* publiées par le Gouvernement belge. Breitkopf. In-4°. 39 volumes. Belle reliure.
Grétry. — *Richard, Cœur de Lion.* Edition Breitkopf I.
Grétry. — *Lucile.* Edition Breitkopf II.
Grétry. — *Céphale et Procris.* Edition Breitkopf. III et IV. 2 vol.
Grétry. — *Les Méprises par Ressemblance.* Edition Breitkopf. V.
Grétry. — *L'Epreuve villageoise.* Edition Breitkopf. VI.
Grétry. — *Anacréon chez Polycrate.* Edition Breitkopf VII, VIII. 2 vol.
Grétry. — *La Tableau parlant.* Edition Breitkopf. IX.
Grétry. — *Les Evénements imprévus.* Edition Breitkopf. X.
Grétry. — *L'Embarras des Richesses.* Edition Breitkopf. XI.
Grétry. — *Morceaux inédits de l'Embarras des Richesses.* Edition Breitkopf. XII.
Grétry. — *Zémire et Azor.* Edition Breitkopf. XIII.
Grétry. — *Le Huron.* Edition Breitkopf. XIV.
Grétry. — *Colinette à la Cour.* Edition Breitkopf. XV.
Grétry. — *Morceaux inédits de Colinette à la Cour.* Edition Breitkopf. XVI.
Grétry. — *Le Jugement de Midas.* Edition Breitkopf. XVII.
Grétry. — *Raoul Barbe-Bleue.* F. Edition Breitkopf. XVIII.
Grétry. — *Panurge.* Edition Breitkopf. XIX.
Grétry. — *Les deux Avares.* Edition Breitkopf. XX.
Grétry. — *L'Amant jaloux.* Edition Breitkopf. XXI.
Grétry. — *La Caravane du Caire.* Edition Breitkopf. XXII.
Grétry. — *Morceaux inédits de Panurge et de la Caravane du Caire.* Edition Breitkopf. XXIII.
Grétry. — *Guillaume Tell.* Edition Breitkopf. XXIV.
Grétry. — *La fausse Magie.* Edition Breitkopf. XXV.
Grétry. — *Le Comte d'Albert.* Edition Breitkopf. XXVI.
Grétry. — *Sylvain.* Edition Breitkopf. XXVII.
Grétry. — *Denis le Tyran,* maître d'école à Corinthe. Edition Breitkopf. XXVIII.
Grétry. — *La Rosière républicaine.* Edition Breitkopf. XXIX.
Grétry. — *La Rosière de Salency.* Edition Breitkopf. XXX.
Grétry. — *Aucassin et Nicolette.* Edition Breitkopf. XXXII.
Grétry. — *Amphitryon.* Edition Breitkopf. XXXIII et XXXIV.

406. **Berlioz** (Hector). — *Œuvres complètes.* In-4°. Edition Ch. Malherbe et F. Weingartner. Breitkopf. 18 vol. Belle reliure.
Berlioz (Hector). — Œuvres complètes. I. Symphonien. *Symphonie fantastique; Symphonie funèbre et triomphale.* Edition Breitkopf.
Berlioz (Hector). — Œuvres complètes. II. Symphonien : *Harold en Italie.* Edition Breitkopf.

Berlioz (Hector). — Œuvres complètes. III. *Roméo et Juoiette*. Edition Breitkopf.

Herlioz (Hector). — Œuvres complètes. IV. Ouverturen : *Waverley; Les Francs juges; le Roi Lear; Rob Roy*. Edition Breitkopf.

Berlioz (Hector). — Œuvres complètes. V. Ouverturen : *Benvenuto Cellini; le Carnaval romain; la Fuite en Egypte; le Corsaire; Béatrice et Bénédict; les Troyens à Carthage.*

Berlioz (Hector). — Œuvres complètes. VI. Kleinere Instrumentalwerke : *Fugue à deux chœurs; Fugue à trois sujets; Rêverie et caprice.* Violon; *Sérénade agreste à la Madone,* orgue; *Hymne pour l'Elévation,* orgue; *Toccata; Marche funèbre pour la dernière scène d'Hamlet,* orchestre; *Marche troyenne,* orchestre. Edition Breitkopf.

Berlioz (Hector). — Œuvres complètes. XII. Geistliche Werke : *Resurrexit; Coro dei Maggi; Grande Messe des Morts; Veni Creator; Tantum Ergo.* Edition Breitkopf.

Berlioz (Hector). — Œuvres complètes. VIII. Geislitche Werke : *Te Deum.* Edition Breitkopf.

Berlioz (Hector). — Œuvres complètes. IX. Geitsliche Werke : *L'Enfance du Christ.* Edition Breitkopf.

Berlioz (Hector). — Œuvres complètes. XI-XII. Weltliche Kantaten : *La Damnation de Faust.* Edition Breitkopf.

Berlioz (Hector). — Œuvres complètes. XIII. *Lelio ou le Retour à la Vie; le Cinq Mai; l'Impériale.* Edition Breitkopf.

Berlioz (Hector). — Œuvres complètes. XIV. Mélodies avec accompagnement d'orchestre pour chœur : *Méditation religieuse; Chant sacré; Hélène; Chant des Chemins de fer; la Mort d'Ophélie; Sara la baigneuse; Hymne à la France; la Menace des Francs.* Edition Breitkopf.

Berlioz (Hector). — Œuvres complètes. XV. Mélodies avec accompagnement d'orchestre pour 1 ou 2 voix : *Herminie; Cléopâtre; la Belle voyageuse; le Jeune Pâtre breton; Absence; la Captive; Zaïde; le Chasseur danois; Villanelle; le Spectre de la rose; Sur les Lagunes; Au Cimetière; l'Ile inconnue.* Edition Breitkopf.

Berlioz (Hector). — Œuvres complètes. XVII. *Mélodies pour une Voix,* 19 à 47. Edition Breitkopf.

407. Orlando di Lasso. — *Sämmtliche Werke.* 16 volumes de l'Edition Breitkopf. I, II, III, IV, V, VI, VII, VIII, IX, X, XI, XII, XIII, XIV, XV et XVI.

408. *Volume* 81. — Album piano et chant. Œuvres de : Lecocq, Ch.; Massui, T.; Nadaud, G.; Paladilhe, E.; Saint-Saens, C.; Weckerlin, J.-B. Curiosités musicales, etc. : Berlioz, H.; Delibes, L.; Duprato, J.; Faure, J.; Haydn, J.; Lalo, Ed.

Farde nº 1, 2 pianos, 4 mains. Œuvres de : d'Indy, Godard, Gounod, Lalo, etc.

Farde nº 2, 2 pianos, 4 mains. Œuvres de : Bach, Chabrier, Duparc, Franck.
Farde nº 3, 6 mains. Auber, Meyerbeer, Wagner, etc.
Farde nº 4, 4 mains. Beethoven, Mozart.Symphonies.
Farde nº 5, harmonium et piano. Grieg, Händel, Liszt, Mendelssohn, Mozart, etc.
Farde nº 6, piano et chant. Mélodies de : Dupin, Dvorak, Elgar, etc.
Recueils de : Duparc, Fabre, Fauré.
Collection Yvette Guilbert, 5 volumes : Chansons de tous les temps. Légendes dorées, etc.
Farde nº 7, piano et chant. Mélodies de : Kéfer, Mahlev, Moszkowski, Reinecke, Lekeu, poèmes; Ravel, histoire naturelle.etc.
Farde nº 8, violon et piano. Beethoven, sonates (Peters); Grieg, sonates 1-2; Œuvres de Max Bruchgade, etc.
Farde nº 9, piano et chant. Recueils de mélodies : d'Indy, Messager, Mozart. Œuvres de Méhul, etc.
Farde nº 10, violon et piano. Ecole de violon. Edition Senart. Lekeu, sonate; Mozart, concerto; Nardini, sonate; Schumann, sonates; Rimsky, Korsakow, fantaisie, etc.
Farde nº 11, piano et chant. Beethoven, messe solennelle;
Cantates de : Bach, Bruch, Gevaert, Gounod, Mendelssohn, etc.
Gluck. *Iphigénie en Aulide.* P. C. (Peters).
Farde nº 12. piano et chant. Richard Strauss. Recueils 1, 2, 3, 4. Schumann, duos; Rossini, soirées musicales. Mélodies de Rimsky-Korsakow, Florent Schmitt, Tschaikowsky Lieder.etc.
Farde nº 13, piano et chant. Recueils de De Bréville, Chausson, Chabrier, Rhené Baton, chansons douces. De Bussy : Ariettes oubliées; Chansons de Bilitis; Fêtes galantes; Poèmes; Proses lyriques; diverses mélodies séparées De Bussy, etc.
Farde nº 14, 2 pianos à 4 mains. Pessard, Philipp, Pierné, Saint-Saëns, Thomé Wagner, Weingärtner, etc.

409. *Volume* 82-/3. — Albums piano et chant. Œuvres de : Delibes, Léo; Diémer, L.; Grétry; Lecocq, Ch.; Panofka, H.; Tschaïkowsky, P.; Van den Eeden, J.; Wagner, R.; Faure, J.; Massenet, J.; Tagliafico, D.; Weckerlin, J.-B.; etc.

410. *Volumes* 84/5. — Albums piano et chant. Œuvres de : Godard, B.; Matthieu, E.; Saint-Saëns, C.; *Mélodies persanes*; Mendelssohn (P.), 12 duos et *Athalie*; *Chœurs 4 voix d'hommes* de Berleur; De Rillé; Massenet, Riga, Saint-Saëns, etc.

411. *Volumes* 87/88. — Albums piano et chant. *Extraits d'opéras pour contralto et mezzo-soprano* de : Halévy, Auber, Adam, Donizetti, Rossini, Meyerbeer, etc.
Duos soprano et basse, extraits d'opéras des auteurs précités.

412. *Volumes* 89/90. — Albums piano et chant. Œuvres de : Arditi, L.; Delibes, Léo; Haendel, G.; Huberti, G.; Lecocq, Ch.; Lhuillier, E.; Mathieu, E.; Viardot, F.; Weber, Ch.-M.; Widor, Ch.-M.

413. *Volume* 281. — Album piano et chant. Œuvres de : Cui, C.; Faure, J.; Duprado, J.; Rubinstein, A.; Personas, 12 *mélodies*; Weber, Ch.-M.; Weckerlin, J.-B., etc.

414. *Volume* 282. — Album piano et chant. : Coquard, A., 12 *mélodies*; Cui, C., 6 *mélodies*; Brahms, J.; 7 *duos*; 6 *romances* etc.

415. *Volumes* 284/5/6/7. — Album piano et chant : S. Dupuis, 6 *mélodies*; de Kervéguen : 3 *Lieden*, 5 *Mélodies*, *Un an d'amour*; A. May, 10 *Mélodies*; P. Pugot, 20 *Mélodies*; M. Rollinat, 6 *Mélodies*; A. Rubinstein, 18 *Duos*, etc.

416. *Volume* 288/89. — Albums piano et chant. Œuvres de : Borodine, A.; Chabrier, E.; Cui, C.; Franck, C., *Duos*; Liszt, P.; Wagner, 6 *Poèmes*; Bordes, Ch.; de Bréville, P.; Charpentier, G.; Chausson, Q.; Closson, E.; Gilson, C.; Liszt, F., *cahier VIII*, etc.

417. *Volume* 93. — Partitions d'orchestre in-8° : 11 Ouvertures. Beethoven ,Wagner, *Kaisermarsch*; Hummel, *Septuor*, op. 74.

418. *Volume* 96. — Partitions d'orchestre in-8°. Ouvertures de Wagner : *Tristan*, *Lohengrin*, *Maîtres chanteurs*, *Tannhaüser*; Rossini, *Guillaume Tell*; Berlioz, *Valse des Sylphes*.

419. *Volumes* 99-100. — Partitions d'orchestre in-8°. Ouvertures de Beethoven et de Weber. Saint-Saëns, 1re *symphonie* op. 2.

420. *Volumes* 101-102. — Partitions d'orchestre. in-8° : Beethoven, *Concertos de piano* op. 15, 19, 37, 58, 73, 61, 56.

421. *Volume* 103. — Partitions d'orchestre in-8°. Mozart, *Symphonies* 1 à 6.

422. *Volumes* 105, 106, 107, 108. — Partitions d'orchestre in-8°. Mozart, *Concertos de piano* 1 à 20.

423. *Volume* 109. — Partitions d'orchestre in-8°. Wagner : *Maîtres chanteurs* : Prélude du troisième acte; cortège des métiers. *Crépuscule des Dieux*. Marche funèbre. *Siegfried* : Waldweken. *Walkiere*. Chevauchée; *Walkiere* : Adieux de Wotan et Conjuration du feu; *Parsifal* : Prélude et fin du premier acte; *Parsifal*: Scène du Vendredi-Saint; Handel : Largo; Saint-Saëns : *Danse macabre*; Mozart : *Sérénade* 2; Haydn : *Abschied's symphonie*, etc.

424. *Volume* 51. — Piano et violon. Beethoven : *Sonates*, *Variations*,

Concerto, Romances; Haydn : *Sonates*; Mozart : *Sonates*; Weber : *Sonates*.

425. *Volume* 52. — Bach : *Concerto*; Kreutzer : *Concertos*; Spohr : *Concertos*; Rode : *Concertos*; *Viotti* : *Concertos*, Tartini : *Sonates*, etc.

426. *Volume* 53. — *A*. Piano et violon. Grieg : *Sonate* op. 8; Rubinshein : *Concerto* op 16; *Tartini* : *Trille du Diable*, etc.
B. Piano et violoncelle. Mendelssohn. *Sonates* op. 45-58; Romberg, : *Concertos* 1 à 7;
C. Piano et Flûte. Kuhlau ; 3 *solos*; Kuhlau : 3 *duos*; Beethoven : *Sérénade* op. 8.

427. *Volume* 54. — Piano et violon. Bach : 2e *concerto*; Bach : *Sonates*; Godard : *Concerto romantique*; de Bériot : 7e *concerto*; Brahms : *Danses hongroises* 1 à 10; Lalo : *Sonate* op. 12; Lalo : *Symphonie espagnole* op. 21; Mendelsshon : *Concerto* op. 64, etc.

428. *Volume* 55. — Piano et violon. Raff : 4 *sonates*; Saint-Saëns : *Introduction et Ronde*; Œuvres de Vieuxtemps; Wieniawski, etc.

429. *Volume* 56. — Piano et violon. Max Bruch : 2 *concertos*; Saint-Saëns : *Concerto* nº 3; Vieuxtemps : *Concerto* op 10; Sarasate : *Danses espagnoles*, etc.
Violoncelle et piano. Lalo : *Concerto* en ré; Vieuxtemps : *Concerto* op 46, etc.

430. *Volume* 57. — Piano et violoncelle. Lalo : *Sonate*; Pièces de Popper; Raff, Saint-Saëns, Schumann, etc.

431. *Volume* 58. — Piano et Violon. Pièce de Chopin, Corelli, Ernst, Paganini, etc.
Piano et violoncelle. Pièces de Romberg, Goltermann, etc

432. *Volume* 59. — Piano et violon. Lalo : *Concerto russe*; Vieuxtemps : *Concerto op*. 6; Pièces de Widor, Wieniawski, etc.

433. *Volume* 60. — Piano et violon. Pièces de Max Bruch, Hauser, Sarasate, Vieuxtemps, etc.
Piano et violoncelle. Pièces de Davidoff.

434. *Volume* 251. Piano et orgue. Œuvres de : Beethoven, Berlioz, Haendel, Haydn, Mendelssohn, Mozart, Weber, Wagner, etc.

435. *Volume* 252.—Piano et violon. Brahms : *Sonate*; Franck : *Sonate*; Pièces de Cui, Sarasate,
Piano et violoncelle. Brahms : *Sonate*; Davidoff : *Concerto*; Pièces de Popper, Rubinstein : *Sonates* 1-2, etc.

436. *Volume* 253.— Violoncelle et piano. *Sonates* de Brahms et Raff; Pièces de Schumann et Mendelsshon, etc.

437. *Volumes* 70-71.—Trios : piano, violon et violoncelle. Beethoven. Haydn.

438. *Volumes* 72-73. — Trios : piano, violon, violoncelle.; trios : piano, deux violons; trios : piano, violon et flûte, de Bach, Godard, Bargiel, Brahms, Bruch, Gade, Haydn, Lalo.

439. *Volume* 74. — Trios, quatuors, quintettes de : Schubert, Weber, Beethoven, Hummel, Mendelssohn, Mozart, Schubert, Schumann, Widor,

440. *Volume* 75. — Quatuors avec piano et orgue : de Saint-Saëns, Schumann. Pièces diverses de : Beethoven, Mozart, Mendelssohn, Gounod, Massenet.

441. *Volume* 76. — Quatuors, partition et parties : Haydn de 1 à 2.

442. *Volume* 77. — Quatuors, partitions et parties : Mozart. Partitions 12 à 23; parties de 1 à 23.

443. *Volume* 443. — Quatuors : Beethoven. 17 quatuors.

444. *Volume* 79. — Trios, quatuors, quintettes, septuor, octuor. Bach, Brahms, Goldmark, Lalo, Reinecke, Rubinshein, Saint-Saëns, etc.

445. *Volume* 80. — Trios, quatuors, quintette, octuor. Beethoven, Schubert, Mendelssohn.

446. *Volume* 270. — Trios, quatuors, quintettes de : Franck, Glinka, Chaminade, Godard, Pièces de Glück, Grieg, Brahms, etc..

447. *Volume* 271. — Trios, quatuors, etc., de : Castillon- Lazzari, Fauré, d'Indy, Onslow (Nonetto), Rubinshein, Pièces de Wagner, Widor, etc.

N° du Lot	Premier mot du Titre	PRIX MAXIMA	N° du Lot	Premier mot du Titre	PRIX MAXIMA

SIGNATURE

(*) Adresse bien lisible s. v. p. — Plain adres please.

www.ingramcontent.com/pod-product-compliance
Lightning Source LLC
LaVergne TN
LVHW010610110826
845149LV00003B/844
9782329198132